Theorie und Konstantenbestimmung des hydrometrischen Flügels

Von

Dr.-Ing. L. A. Ott

Mit 25 Abbildungen im Text

Berlin
Verlag von Julius Springer
1925

ISBN-13: 978-3-642-98341-2 e-ISBN-13: 978-3-642-99153-0
DOI: 10.1007/978-3-642-99153-0

Vorwort.

Die wachsende Bedeutung der Wasserwirtschaft und im besonderen der Wasserkräfte vergrößert stetig die Zahl der sich mit Wassermessungen beschäftigenden Ingenieure und steigert die Ansprüche an die Meßgenauigkeit. Außerdem regt sie den Erfindergeist an, nach neuen Methoden zu suchen, die vielleicht rascher und bequemer zum Ziel führen als die Messung mit dem allbekannten hydrometrischen Flügel. Damit hat es allerdings gute Weile, da die bisherigen Anstrengungen in dieser Hinsicht, wie Verfasser im „Wasserkraftjahrbuch 1925" feststellt, zu keinen, große Hoffnungen erweckenden Ergebnissen geführt haben. Es wird wohl noch lange dabei bleiben, daß für die Mehrzahl der Wassermessungen nur die Meßmethode mit dem hydrometrischen Flügel in Frage kommt. Um so dringender ist es, einmal genau festzustellen, welcher Grad von Zuverlässigkeit dieser Methode innewohnt. Das ist keine ganz allgemein lösbare Frage, da selbstverständlich vieles von den äußeren Meßbedingungen und auch von dem persönlichen Geschick des Beobachters abhängt. Man wird deshalb zuerst danach fragen müssen, wie sich der hydrometrische Flügel im Prinzip als Geschwindigkeitsmesser verhält, welches seine Theorie für normale Strömungsverhältnisse ist, und innerhalb welcher Fehlergrenzen seine Angaben zuverlässig sind. Das erkennt man am besten aus genau durchgeführten und entsprechend verarbeiteten Schleppversuchen, wozu die nachfolgenden Zeilen den Weg zeigen sollen. Dabei ist das Hauptgewicht auf die Entwicklung der Methode gelegt, nach der die Konstanten der Flügelgleichung aus den Schleppversuchen abgeleitet werden, während sich die Ergebnisse über die Meßgenauigkeit sozusagen nebenher gewinnen lassen.

Da das dargestellte Verfahren der Bestimmung eines analytischen Ausdrucks aus den Beobachtungswerten sehr einfach ist und Anspruch auf eine gewisse Eleganz machen darf, hofft Verfasser, damit auch einen kleinen Beitrag für den Unterricht des Ingenieurnachwuchses in angewandter Mathematik geleistet zu haben.

Kempten im Allgäu, März 1925.

L. A. Ott.

Inhaltsverzeichnis.

I. Ziel der Untersuchung[1]).

Der Gebrauch des hydrometrischen Flügels beruht auf der Tatsache, daß zwischen der Geschwindigkeit der Wasserströmung, in die er eingesetzt wird, und der Drehgeschwindigkeit seines Schaufelrades (Schraube, Propeller) ein gesetzmäßiger Zusammenhang besteht. Dieser Zusammenhang wird meist durch Schleppversuche in ruhendem Wasser ermittelt und auf Grund einer graphischen Darstellung der Versuchsergebnisse in eine Gleichung zusammengefaßt. Über das der Theorie des Flügels entsprechende Bildungsgesetz dieser Gleichung bestehen zwar eine Reihe von Veröffentlichungen[2]), doch liefert keine derselben ein Resultat, das sich widerspruchslos mit den Versuchsergebnissen deckt. Wiewohl daraus für die praktische Anwendung des hydrometrischen Flügels ein Nachteil nicht erwächst, besteht doch erhebliches wissenschaftliches Interesse für die Aufstellung einer zuverlässigen Theorie dieses Instrumentes, damit einerseits eine feste und einheitliche Grundlage für die Auswertung der Schleppversuche geschaffen ist, und andererseits zum Nutzen der konstruktiven Weiterentwicklung des Instruments der Einfluß bestimmter geometrischer und physikalischer Eigenschaften rechnerisch verfolgt werden kann.

Wir wollen nachstehend die allgemeine Theorie des hydrometrischen Flügels entwickeln und in Richtung des erstgenannten Zieles so weit ausgestalten, daß das Verfahren zur Bestimmung der Konstanten der Flügelgleichung aus der Schleppkurve so einfach als möglich wird. Das zweite Ziel, die Ergründung des Verhaltens des einzelnen Instruments aus seinen geometrischen und physikalischen Eigenschaften, soll einer eigenen Untersuchung vorbehalten bleiben.

---

[1]) Die Untersuchung gilt ohne weiteres auch für das Flügelrad-Anemometer, da die Instrumente für die Messung der Wind- und der Wassergeschwindigkeit einander gleichen.

[2]) Diese sind auf S. 18, 33, 34 und 39 genannt.

II. Aufstellung der allgemeinen Flügelgleichung.

Bezeichnet v die Strömungsgeschwindigkeit und n die Zahl der Umdrehungen der Flügelschaufel in der Zeiteinheit, so würde für einen in einer idealen Flüssigkeit arbeitenden idealen Flügel die Gleichung

$$v = K \cdot n \tag{1}$$

gelten. Darin bedeutet K bei Schaufeln mit schraubenförmig gekrümmten Flächen die geometrische Steigung der Schraube, bei Schaufeln mit ebenen oder anders gekrümmten Flächen eine entsprechende mittlere geometrische Steigung.

Bei der durch diese Gleichung festgelegten Tourenzahl wäre die Ausweichgeschwindigkeit der Schaufel genau gleich der Strömungsgeschwindigkeit der Flüssigkeit, und es könnte mithin kein Kraftaustausch stattfinden. Um der Strömung die zur Überwindung der vorhandenen Bewegungshemmungen nötige Energie entnehmen zu können, muß die Schaufel gegen die Strömung ein wenig zurückbleiben, also eine etwas kleinere Tourenzahl haben, als der Gleichung (1) entspricht. Es ist dann nach einem bekannten Satz der Hydraulik[1]) die Kraftwirkung des gegen die Schaufel fließenden Wassers gleich dem Produkt aus der sekundlichen Masse und der in der Kraftrichtung erfolgten totalen Geschwindigkeitsabnahme, also proportional dem Produkt aus v und $(v - K n)$. Bezeichnet man den von der Größe und Form der Schaufel und dem spezifischen Gewicht der Flüssigkeit abhängigen Proportionalitätsfaktor mit A, so kann das von der Flüssigkeit auf die Schaufel ausgeübte Drehmoment dargestellt werden durch den Ausdruck

$$A \cdot v \cdot (v - K n)\,. \tag{2}$$

Die sich der Drehung entgegenstellenden Hemmkräfte lassen sich einteilen in hydraulische und mechanische. Hydraulische Hemmungen ergeben sich durch die Flüssigkeitsreibung an den Schaufelflächen und die Wirbelbildung an ihren Kanten, Speichen und Rippen, wo solche vorhanden sind, ferner durch den Stau, der vom Gehäuse des Flügels und besonders von seiner Befestigungsvorrichtung (Stange) erzeugt wird. Der sich bildende Stauhügel ragt unter Umständen bis in den Bewegungsbereich der Schaufel hinein und verzögert im allgemeinen ihren Umlauf. Da jedoch an der Grenze des Stauhügels die Abflußgeschwindigkeit beschleunigt sein muß, ist auch die Möglichkeit einer beschleunigenden Nebenwirkung des Staues nicht außer acht zu lassen.

---

[1]) Camerer: Vorlesungen über Wasserkraftmaschinen. S. 138. Leipzig 1914.

Von den vorgenannten Einflüssen kann man annehmen, daß sie in der Hauptsache der zweiten, teilweise auch der ersten Potenz der Geschwindigkeit proportional sind. Das letztere trifft für alle Reibungsverluste zu, die in der Zähigkeit der Flüssigkeit[1]) begründet sind. Die Gesamtwirkung läßt sich darstellen durch einen Ausdruck von der Form

$$v \cdot \sum B + v^2 \cdot \sum C\,, \tag{3}$$

wobei das Summenzeichen vor den Konstanten B und C andeutet, daß mehrere Einflüsse in Frage kommen können.

Weitere hydraulische Hemmkräfte können auftreten im Innern des Flügelgehäuses infolge der Flüssigkeitsreibung rotierender Teile. Für diese wird man eine Proportionalität mit der zweiten und mit der ersten Potenz der Tourenzahl n erwarten dürfen.

Die mechanischen Hemmkräfte des Flügels sind die Reibung in den Lagern und im Räderwerk, wo ein solches vorhanden ist, sowie der Widerstand des elektrischen Kontaktwerkes. Die in Richtung des Axialdruckes wirkende Lagerreibung kann proportional der aufgenommenen Energie, also proportional dem Ausdruck (2) gesetzt werden. Ihr Einfluß wird schon durch den Faktor A berücksichtigt. Die Lagerreibung in Richtung des Radialdruckes, sowie die Reibung im Räderwerk wurde früher als unabhängig von der Geschwindigkeit angenommen. Heute weiß man, daß z. B. die Reibungszahl von Zapfenlagern von ihrem Wert in der Ruhe zunächst mit wachsender Drehzahl abnimmt, ein Minimum erreicht und dann beständig ansteigt[2]). Der Widerstand des Kontaktwerkes wirkt in der Regel stoßweise und macht sich um so mehr bemerkbar, je kleiner das Trägheitsmoment des Schaufelrades ist.

Für die analytische Berücksichtigung der mechanischen und der im Innern des Flügelgehäuses auftretenden hydraulischen Hemmkräfte müßte man an und für sich einen recht komplizierten Ausdruck erwarten. Unsere Erfahrungen haben aber glücklicherweise gezeigt, daß sich die Gesamtwirkung aller nicht der zweiten und ersten Potenz der Geschwindigkeit proportionalen Einflüsse mit vollständig ausreichender Genauigkeit darstellen läßt durch einen Ausdruck von der einfachen Form

$$D \cdot \frac{v}{v - a' - k' n}\,. \tag{4}$$

Darin sind D, a' und k' Konstantwerte, deren Größe durch entsprechend angestellte Versuche ermittelt werden kann.

---

[1]) Camerer: a. a. O. S. 104.

[2]) Jacquerod, A., Defossez, L., et Mügeli, H.: Recherches expérimentales sur le frottement de pivotement. 2e communication du laboratoire de recherches horlogères, Université de Neuchâtel. Journ. Suisse d'Horlog. et de Bij. Neuchâtel et Genève 1923. Referat in Z. f. Instrumentenk. Bd. 44, S. 420. 1924.

Wegen des Gleichgewichtes zwischen dem Drehmoment und dem Moment der Hemmkräfte besteht die Beziehung

$$A \cdot v \cdot (v - K n) = v \cdot \sum B + v^2 \cdot \sum C + D \cdot \frac{v}{v - a' - k' n}. \quad (5)$$

Nach Division aller Glieder durch v und entsprechender Ordnung folgt

$$v = \frac{\sum B}{A - \sum C} + \frac{A \cdot K}{A - \sum C} \cdot n + \frac{D}{A - \sum C} \cdot \frac{1}{v - a' - k' n}. \quad (6)$$

Setzt man darin zur Abkürzung

$$\frac{\sum B}{A - \sum C} = a; \qquad \frac{A}{A - \sum C} \cdot K = k; \qquad \frac{D}{A - \sum C} = c^2;$$

so folgt

$$v = a + k n + \frac{c^2}{v - a' - k' n}. \quad (7)$$

Dies ist die allgemeine Gleichung des hydrometrischen Flügels in impliziter Form.

Um die Gleichung, die auf der rechten Seite v auch im Nenner enthält, nach n oder v aufzulösen, schreiben wir zunächst

$$(v - a - k n) \cdot (v - a' - k' n) = c^2. \quad (7\,a)$$

Durch Ausmultiplizieren und entsprechendes Ordnen ergibt sich

$$v^2 - (k + k') \cdot v \cdot n + k \cdot k' \cdot n^2 - (a + a') \cdot v + (a k' + a' k) \cdot n + a a' - c_2 = 0.$$

Daraus folgt, je nachdem man die Gleichung nach n oder nach v auflöst, entweder

$$n = \frac{v - a}{2 k} + \frac{v - a'}{2 k'} + \sqrt{\left(\frac{v - a}{2 k} - \frac{v - a'}{2 k'}\right)^2 + \frac{c^2}{k \cdot k'}}, \quad (8)$$

oder

$$v = \frac{a + k n}{2} + \frac{a' + k' n}{2} + \sqrt{\left(\frac{a + k n}{2} - \frac{a' + k' n}{2}\right)^2 + c^2}. \quad (9)$$

Dies ist die allgemeine Flügelgleichung in expliziter Form. Wir schreiben sie für die Zukunft wie folgt

$$v = \frac{a + a'}{2} + \frac{k + k'}{2} \cdot n + \sqrt{\left(\frac{a - a'}{2} + \frac{k - k'}{2} n\right)^2 + c^2}. \quad (9\,a)$$

Sie enthält 5 voneinander unabhängige Konstanten a, a', k, k' und c, die, wie wir sehen werden, sich sämtlich aus der Eichkurve ermitteln lassen.

III. Geometrische Deutung.

Trägt man in ein Koordinatensystem die n als Abszissen und die v als Ordinaten auf, wie in Abb. 1 geschehen, so erkennt man die Gleichung (7a) leicht als die Gleichung einer Hyperbel mit den beiden Asymptoten

$$v = a + kn \quad \text{und} \quad v = a' + k'n \qquad (10\text{a})\ (10\text{b})$$

und dem in der Abbildung kenntlich gemachten Halbmesser c. Die Asymptoten schneiden auf der v-Achse die Strecken a und a' ab und haben gegen die n-Achse die Neigung k bzw. k'. Es sind also die Winkel zwischen den Asymptoten und der n-Achse einerseits gleich arctg k, andererseits gleich arctg k'. Der gegenseitige Schnittpunkt P der beiden Asymptoten — d. i. der Mittelpunkt der Hyperbel, deren zweiter Ast mangels physikalischer Bedeutung nicht gezeichnet ist — hat die Abszisse n_c und die Ordinate v_c. Man findet die betreffenden Werte, wenn man aus den beiden Gleichungen (10a) und (10b) das eine Mal v, das andere Mal n eliminiert, zu

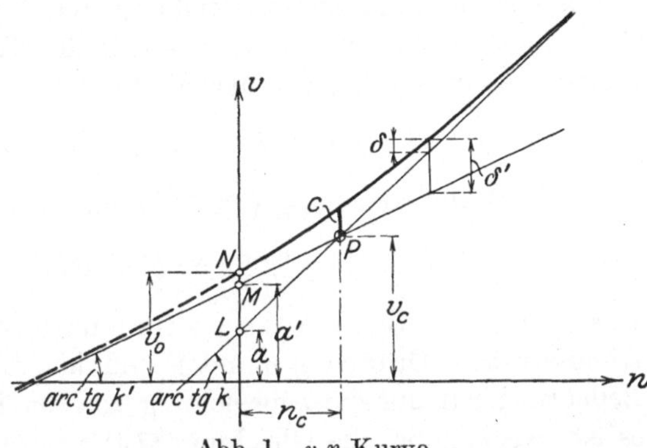

Abb. 1. v-n-Kurve.

$$n_c = \frac{a' - a}{k - k'}, \tag{11}$$

und

$$v_c = \frac{a'k - ak'}{k - k'}. \tag{12}$$

Bezeichnet man das von der Kurve auf der v-Achse abgeschnittene Stück, das als die theoretische Anlaufgeschwindigkeit angesehen werden kann, mit v_0, so erhält man durch Einsetzung von $n = o$ in (7a) die Beziehung

$$c^2 = (v_0 - a) \cdot (v_0 - a') \tag{13}$$

bzw. aus (9a)

$$v_0 = \frac{a + a'}{2} + \sqrt{\left(\frac{a - a'}{2}\right)^2 + c^2}. \tag{14}$$

Man sieht aus der Abbildung ohne weiteres, daß die Hyperbel sich um so enger an die Asymptoten anschmiegt, je kleiner c ist. Für $c = 0$ fällt sie mit denselben vollständig zusammen, und es ist in diesem Fall das Verhalten des hydrometrischen Flügels auch theoretisch durch zwei sich schneidende Gerade dargestellt, wie es bei der praktischen Ausgleichung der Eichungskurve der Einfachheit halber oft näherungsweise angenommen wird.

Ist außerdem a' gleich oder kleiner als a, so fällt der Schnittpunkt der beiden Geraden gemäß Gleichung (11) auf die Ordinatenachse bzw. auf die linke Seite derselben, und es hat dann nur noch die eine Gerade physikalische Bedeutung.

Bezeichnet man die Abweichung der Kurve von diesen Geraden, d. i. die Ordinatendifferenz zwischen der Kurve und der einen bzw. anderen Asymptote mit δ bzw δ', also

$$\delta = v - a - k n \quad \text{und} \quad \delta' = v - a' - k' n ,$$

so läßt sich die Gleichung (7a) schreiben in der anderen Form

$$\delta \cdot \delta' = c^2. \tag{15}$$

Das ist der analytische Ausdruck für eine gleichseitige Hyperbel mit den Abszissen bzw. Ordinaten δ und δ' und dem Halbmesser c. — Praktische Bedeutung hat nur die Abweichung von der Hauptasymptote, und es ist zweckmäßig, die Gleichung (7a) zu schreiben in der Form

$$\delta \cdot [\delta + (a - a') + (k - k') \cdot n] = c^2 . \tag{16}$$

Löst man nach δ auf, so ergibt sich

$$\delta = \sqrt{\left(\frac{a - a'}{2} + \frac{k - k'}{2} n\right)^2 + c^2} - \left(\frac{a - a'}{2} + \frac{k - k'}{2} n\right). \tag{17}$$

Diese Formel dient zur Berechnung der einzelnen Punkte einer Flügelkurve, wenn die Konstanten der Flügelgleichung gegeben sind. Sie gestaltet sich in der Anwendung dann besonders einfach, wenn man die Werte von n nicht vom Koordinaten-Nullpunkt, sondern vom Mittelpunkt der Hyperbel aus zählt und mit Hilfe eines Parameters z in Vielfachen der Größe $\frac{2c}{k - k'}$ ausdrückt. Schreibt man nämlich

$$n = z \cdot \frac{2c}{k - k'} + \frac{a' - a}{k - k'}, \tag{18}$$

so geht die Gleichung (17) über in

$$\delta = c \cdot (\sqrt{z^2 + 1} - z) . \tag{19}$$

Die meist benötigten Werte für z und den Klammerausdruck sind in Zahlentafel 1 angegeben.

Zahlentafel 1.

$z =$	−2,0	−1,5	−1,0	−0,5	0	0,5	1,0	1,5	2,0	2,5	3,0
$\sqrt{z^2+1} - z =$	4,236	3,303	2,414	1,618	1,000	0,618	0,414	0,303	0,236	0,196	0,162

$z =$	4	5	6	7	8	9	10	11	12	13	14
$\sqrt{z^2+1} - z =$	0,124	0,100	0,083	0,071	0,062	0,055	0,050	0,045	0,042	0,038	0,036

Die Beziehungen (18) und (19) bilden zusammen das bequemste Hilfsmittel zur Berechnung der Abweichung der Flügelkurve von der Asymptote und damit zum Aufzeichnen einer bestimmten Flügelkurve.

Für den Verlauf der Flügelkurve bedeutsam ist ihre Anfangstangente, d. i. die Tangente im Punkt $n = 0$; $v = v_0$, s. Abb. 2. Deren Gleichung ist bestimmt einerseits durch den vorgenannten Punkt, andererseits durch die Neigung gegen die n-Achse. Diese ergibt sich durch Differentiation der allgemeinen Flügelgleichung (9a) für den Punkt $n = 0$ unter Berücksichtigung von (14).

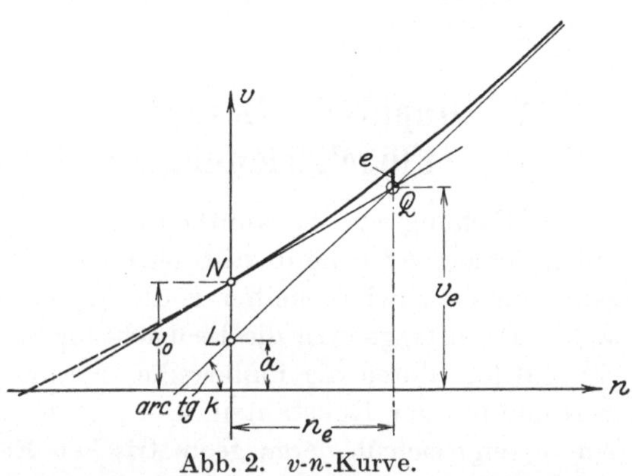

Abb. 2. v-n-Kurve.

Man findet als Gleichung der Anfangstangente

$$v = v_0 + \frac{(v_0 - a')\,k + (v_0 - a)\,k'}{(v_0 - a') + (v_0 - a)} \cdot n\,. \tag{20}$$

Der Schnittpunkt Q dieser Anfangstangente mit der Hauptasymptote hat die Abszisse n_e und die Ordinate v_e. Dafür findet man durch Elimination von v bzw. n aus (20) und (10a)

$$n_e = \frac{2\,v_0 - a' - a}{k - k'} \tag{21}$$

und

$$v_e = \frac{2\,v_0\,k - a'\,k - a\,k'}{k - k'}\,. \tag{22}$$

Führt man den Wert von n_e in die Gleichung (17) ein, so ergibt sich die Ordinatendifferenz zwischen Flügelkurve und Asymptote im Schnittpunkt der letzteren mit der Anfangstangente, die wir als charakteristische

Größe mit einem besonderen Buchstaben, nämlich e, bezeichnen wollen, zu

$$e = \sqrt{(v_0 - a')^2 + c^2} - (v_0 - a') . \tag{23}$$

Es hängt also e nicht von k und k', sondern nur von v_0, a' und c bzw., wenn man die Beziehung (13) berücksichtigt, nur von v_0, a' und a ab. Löst man die Gleichung (23) nach a' auf und eliminiert daraus mit Hilfe von (13) c^2, so folgt

$$a' = v_0 - \frac{e^2}{v_0 - a - 2e} . \tag{24}$$

Es ist das eine wichtige Beziehung, deren Bedeutung uns bald klar werden wird.

IV. Graphische Bestimmung der Konstanten der Flügelgleichung aus der Eichkurve.

Die Eichung wird bekanntlich in der Weise vorgenommen, daß man durch Schleppversuche in stillstehendem Wasser bei einer größeren Anzahl von Geschwindigkeiten v die zugehörigen Tourenzahlen n feststellt. Dann trägt man die Beobachtungswerte in ein Koordinatennetz ein und legt durch die Punktreihe eine ausgleichende Kurve. Für die Bestimmung der Konstanten a, a', k, k' und c der Gleichung dieser Kurve zeigt sich in deren geometrischen Eigenschaften folgender Weg vorgezeichnet.

Man zieht, wie in Abb. 2, die Tangenten an die Kurve in ihren beiden Endpunkten, das ist einerseits für $n = 0$, andererseits für n gleich der größten Schleppgeschwindigkeit. Die letztere Tangente liefert in ihrer Neigung gegen die n-Achse den Wert k und in ihrem Abschnitt auf der v-Achse den Wert a. Der Abschnitt der Anfangstangente auf der v-Achse ergibt v_0.

Dann errichtet man das Lot im gegenseitigen Schnittpunkt Q der beiden Tangenten und mißt einerseits die Abszisse n_e, andererseits die Ordinatendifferenz e zwischen diesem Schnittpunkt und der Kurve. Die jetzt noch fehlenden Werte a', k' und c findet man hernach aus den Formeln

$$a' = v_0 - \frac{e^2}{v_0 - a - 2e} , \tag{24}$$

$$c = \sqrt{(v_0 - a) \cdot (v_0 - a')} , \tag{13a}$$

$$k' = k - \frac{2v_0 - a' - a}{n_e} . \tag{21a}$$

Beim Übertragen dieses Gedankenganges auf die Praxis stößt man anfänglich auf die Schwierigkeit, daß die Krümmung der Flügelkurve außerordentlich gering ist und deshalb die Bestimmung des Schnittpunktes der beiden Tangenten und die Ausmessung der Ordinatendifferenz e nicht ohne weiteres gelingen will. Aber diese Schwierigkeit ist sehr leicht durch einen kleinen Kunstgriff zu überwinden, indem man die Auftragung der Beobachtungswerte in etwas anderer Weise vornimmt, als es gewöhnlich geschieht. Der Kunstgriff besteht darin, daß man als Ordinaten nicht die beobachteten Geschwindigkeitswerte v, sondern die Werte

$$\Delta = v - k_1 n \tag{25}$$

aufträgt, wobei k_1 einen im voraus angenommenen Wert bezeichnet, der sich möglichst wenig von k unterscheidet, also sozusagen einen

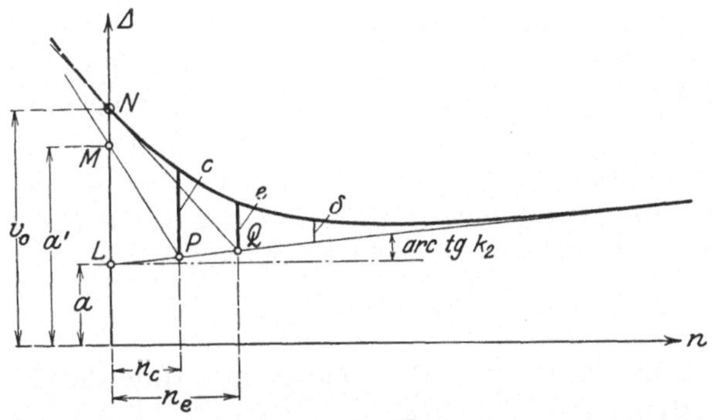

Abb. 3. Δ-n-Kurve.

ersten Näherungswert für das vorerst unbekannte k darstellt. Als Abszissen kann man nach Belieben die beobachteten Werte von n oder v oder das Produkt $(k_1 n)$ auftragen.

Die entstehenden Kurven, die wir je nachdem als die Δ-n- oder Δ-v-Kurve bezeichnen, sind wieder Hyperbeln und haben dieselben Eigenschaften wie die gewöhnliche v-n-Flügelkurve. Sie zeigen aber die Streuung der Versuchspunkte viel auffälliger und sind stärker gekrümmt. Dadurch erlauben sie sowohl eine genauere Zeichnung der ausgleichenden Kurve als auch eine genauere Bestimmung der Tangenten an dieselbe.

a) Die Δ-n-Kurve.

In Abb. 3 ist eine solche Δ-n-Kurve gezeichnet. Sie ist eine Hyperbel mit den Asymptoten

$$\Delta = a + (k - k_1)\, n = a + k_2 \cdot n \tag{26}$$

bzw.

$$\Delta' = a' + (k' - k_1)\, n = a' + (k' - k + k_2) \cdot n. \tag{27}$$

Die Halbachse c und die Werte von e, n_c und n_e sind genau dieselben wie bei der v-n-Kurve. Sie sind natürlich auch dieselben wie bei der δ-n-Kurve nach Gleichung (17), da zwischen Δ und δ die Beziehung besteht:

$$\Delta = \delta + a + k_2 n \,. \tag{28}$$

Für $k_2 = 0$, das ist also für $k_1 = k$, sind die beiden Kurven in der Form miteinander identisch und nur um die Ordinatenstrecke a gegeneinander verschoben.

Hat man für eine Reihe von Schleppversuchen die Werte von n und v bzw. von n und Δ graphisch aufgetragen und die Δ-n-Kurve als ausgleichende Linie eingezeichnet, so geht man zur Bestimmung der Konstanten genau so vor, wie auf S. 8 angegeben.

Man zieht zuerst die 2 Tangenten an die Kurve in deren Schnittpunkt N mit der Δ-Achse und im Bereich größerer Werte von n. Die Neigung der letzteren Tangente (Asymptote) ergibt k_2, ihr Abschnitt auf der Δ-Achse a. Der Abschnitt der Anfangstangente auf der Δ-Achse ergibt v_0. Das Lot im gegenseitigen Schnittpunkt beider Tangenten liefert einerseits die Abszisse n_e, andererseits die Ordinatendifferenz e. Man entnimmt also unmittelbar aus der Zeichnung die Werte a, v_0, e, n_e und k_2. Dann findet man zunächst

$$k = k_1 + k_2 \tag{26a}$$

und hernach die Werte von a', c und k' mit Hilfe der Formeln (24), (13a) und (21a).

Will man umgekehrt zu einer gegebenen Gleichung die Δ-n- oder δ-n-Kurve aufzeichnen, so braucht man nur die Beziehungen (18) und (19) anzuwenden. Es muß dabei darauf geachtet werden, daß zwar die Werte von Δ von der n-Achse aus, jene von δ aber von der Asymptote aus zu messen sind.

Ein Zahlenbeispiel für die Verwendung der Δ-n-Kurve ist in Abschnitt VI durchgerechnet. In der nebenstehenden Abb. 4 sind vier charakteristische Eichungsergebnisse dargestellt. Bei dreien davon ist $k_1 = k$ und infolgedessen $k_2 = 0$ angenommen. Erläuterungen dazu finden sich im Abschnitt VIII.

Die Wahl der Tourenzahlen n als Abszissen führt zuweilen zu einer unbequemen Länge der Zeichnung und erschwert den Vergleich zwischen Flügelschaufeln verschiedener Ganghöhe. Dieser Mißstand wird vermieden, wenn man als Abszissen jeweils die Produkte $(k_1 n)$ aufträgt. Die Ordinatenwerte bleiben unverändert, und man kann deshalb wiederum die Werte von v_0, a und e direkt der Zeichnung entnehmen und jene für a' sowie c aus den Formeln (24) und (13a) berechnen.

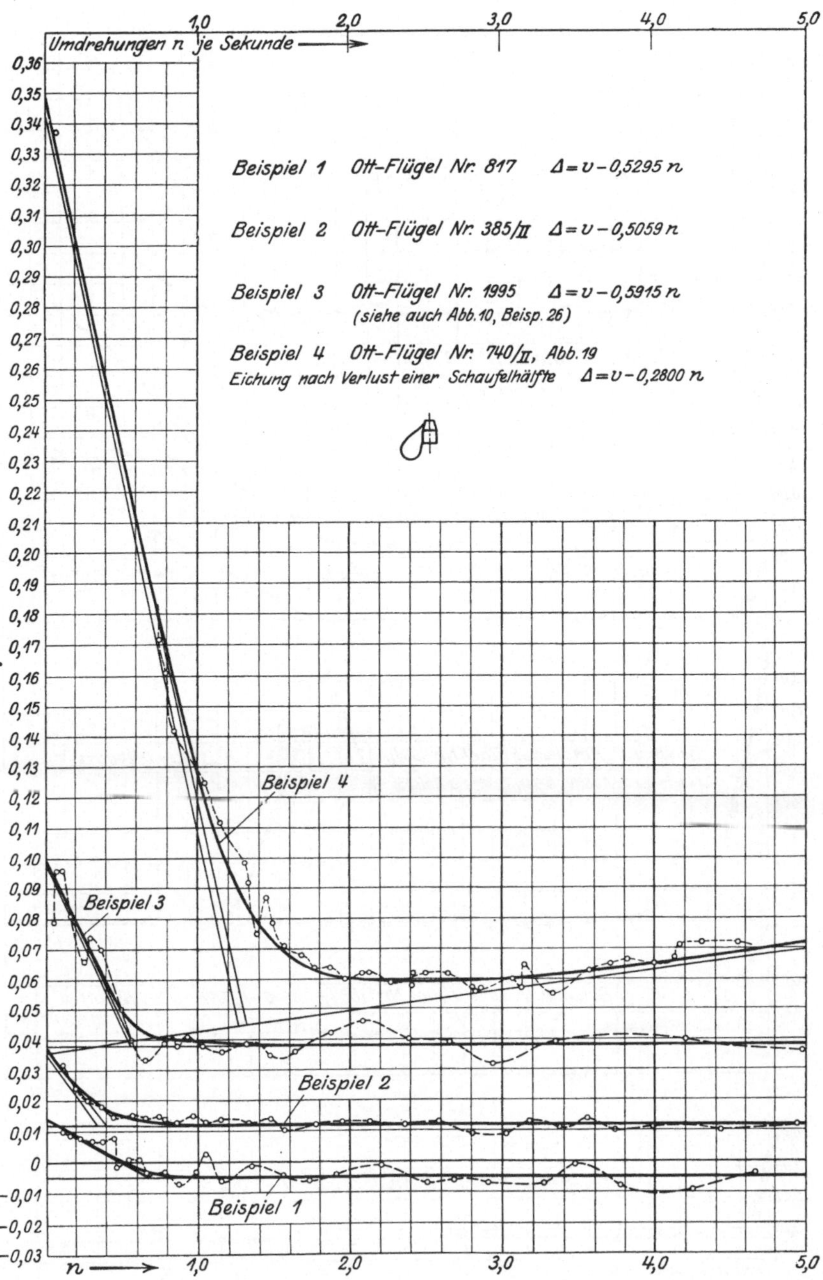

Abb. 4. Δ-n-Kurven, Beispiele 1—4.

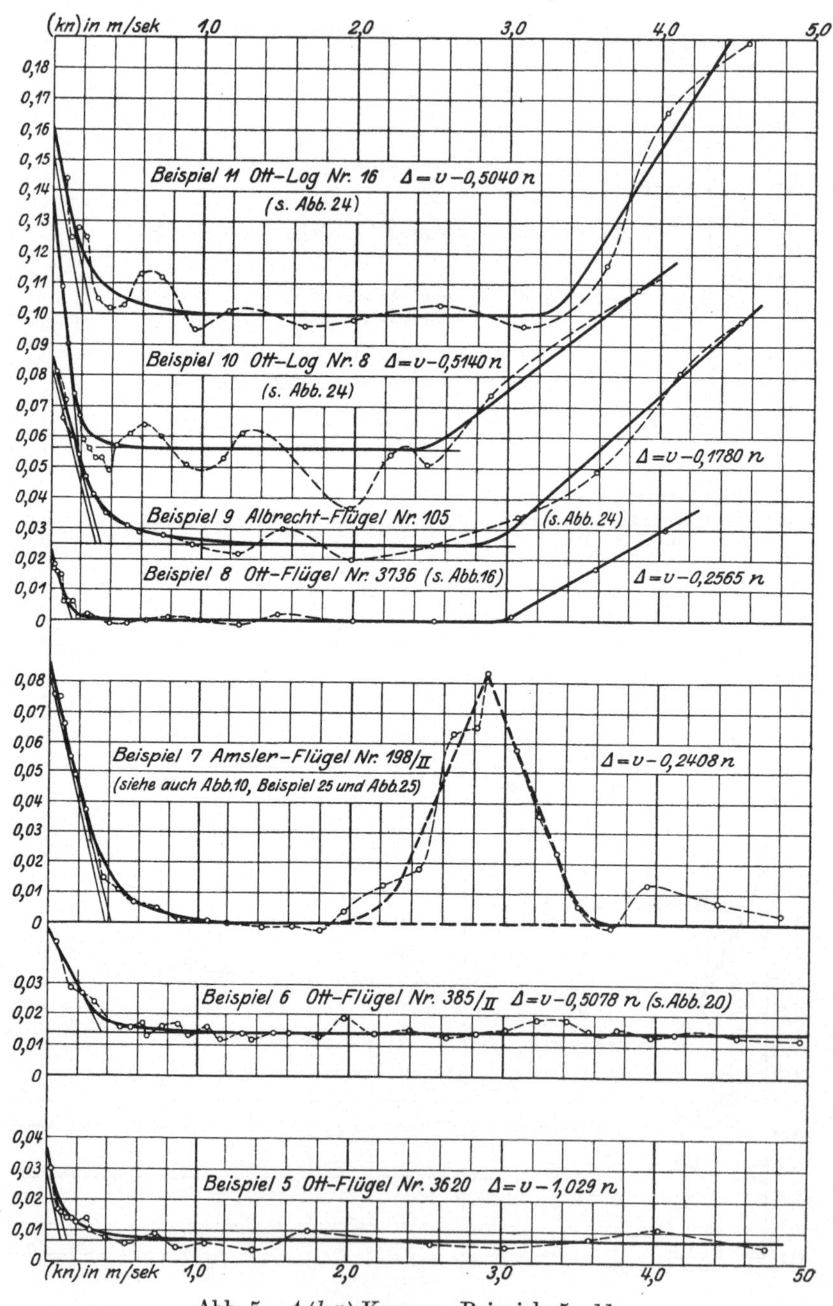

Abb. 5. Δ-$(k\,n)$-Kurven, Beispiele 5—11.

Der Schnittpunkt Q der Anfangstangente mit der Hauptasymptote hat die Abszisse $(k_1 n)_e$, und es ergibt sich infolgedessen aus (21a) die neue Formel

$$k' = k - \frac{2\,v_0 - a' - a}{(k_1\,n)_e} \cdot k_1\,. \tag{21b}$$

Bezeichnet man die Neigung der Asymptote in dieser Darstellung mit k_3, so besteht nach (26) die Beziehung

$$a + (k - k_1)\,n = a + k_3\,(k_1\,n),$$

woraus folgt

$$k = k_1\,(1 + k_3)\,. \tag{26b}$$

Für das nachträgliche Aufzeichnen der Kurve gelten die Beziehungen (18) und (19) unverändert, nur muß die erstere auf beiden Seiten mit dem Faktor k_1 multipliziert werden.

Die nebenstehende Abb. 5 enthält 7 charakteristische Eichungsbeispiele. Es ist bei allen $k_1 = k$ und infolgedessen $k_3 = 0$ angenommen. Die Schleppgeschwindigkeit betrug bis zu 4,8 m/sk. Erläuterungen dazu in Abschnitt VIII.

b) Die Δ-v-Kurve.

Bei der Δ-n-Kurve erscheinen die charakteristischen Eigenschaften des Flügels in Abhängigkeit von der Tourenzahl n, die ihrerseits wieder abhängt von der Steigung der Schaufel. Für manche Zwecke, namentlich für die Vergleichung einer größeren Anzahl von Instrumenten mit Schaufeln von verschiedener Ganghöhe, ist es zweckmäßiger, die Eigenschaften des Flügels als Funktion der Geschwindigkeit, also in Form der Δ-v-Kurve, auszudrücken. Es werden dann als Abszissen die Geschwindigkeiten v und als Ordinaten die Differenzen $\Delta = v - k_1\,n$ aufgetragen, wobei k_1 wiederum einen Näherungswert für k darstellt.

Die Δ-v-Kurve ist natürlich auch eine Hyperbel und hat sinngemäß dieselben Asymptoten und Tangenten wie die Δ-n- bzw. v-n-Kurve.

Die 3 Punkte L, M und N der Abb. 1 bzw. Abb. 3 haben in der Δ-v-Darstellung (Abb. 6) die Koordinaten

$$v = a \text{ und } \Delta = a; \quad v = a' \text{ und } \Delta = a'; \quad v = v_0 \text{ und } \Delta = v_0\,;$$

sie liegen also nicht auf der Δ-Achse, sondern auf der Linie $\Delta = v$.

Die Punkte P und Q liegen natürlich wieder auf der Hauptasymptote und haben die aus Abb. 1 und 2 bzw. Formel (12) und (22) ersichtlichen Abszissen

$$v_c = \frac{a'\,k - a\,k'}{k - k'} \tag{12}$$

bzw.

$$v_e = \frac{2\,v_0\,k - a'\,k - a\,k'}{k - k'}. \tag{22}$$

Die Gleichung der Hauptasymptote ergibt sich nach (26) und (10a) zu

$$\Delta = a + (k - k_1)\,n = a + (k - k_1)\cdot\frac{v - a}{k},$$

woraus folgt

$$\Delta = a + (v - a)\cdot\frac{k - k_1}{k} = a + (v - a)\cdot k_3. \tag{30}$$

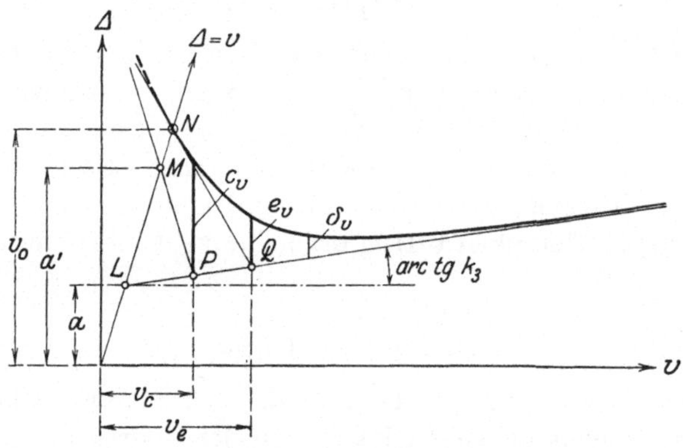

Abb. 6. Δ-v-Kurve.

Darin bezeichnet k_3 die in der Δ-v-Darstellung erscheinende Neigung der Asymptote. Es besteht also die Beziehung

$$k_3 = \frac{k - k_1}{k} \quad \text{bzw.} \quad k = \frac{k_1}{1 - k_3}. \tag{31}$$

Mißt man die Ordinaten der Kurve nicht von der horizontalen v-Achse, sondern von der Asymptote aus, so läßt sich die Gleichung der Kurve sehr leicht aufstellen. Es sind dann die Ordinaten wiederum, wie bei (16), gleich δ, und es besteht zunächst die Beziehung

$$\delta = v - a - k\,n\,;$$

daraus folgt

$$n = \frac{v - a - \delta}{k}.$$

Setzt man diesen Wert von n in die Gleichung (16) ein, so geht diese über in

$$\delta\cdot\left(\delta + \frac{a\,k' - a'\,k}{k'} + \frac{k - k'}{k'}\cdot v\right) = \frac{k}{k'}\cdot c^2. \tag{32}$$

Aus dieser Gleichung findet man ohne weiteres die Werte von δ für die Punkte P und Q, die wir in Anlehnung an die früheren Bezeichnungen mit c_v und e_v bezeichnen wollen.

Es ergibt sich einerseits

$$c_v = c \cdot \sqrt{\frac{k}{k'}} = \sqrt{(v_0 - a) \cdot (v_0 - a') \cdot \frac{k}{k'}} \tag{33}$$

und andererseits

$$e_v \cdot \left[e_v + 2(v_0 - a') \cdot \frac{k}{k'}\right] = (v_0 - a) \cdot (v_0 - a') \cdot \frac{k}{k'}. \tag{34}$$

Kombiniert man die beiden Gleichungen (34) und (22) miteinander und eliminiert daraus $\frac{k}{k'}$, so ergibt sich

$$a' = \frac{v_0(v_e - a)(v_0 - a - 2e_v) - e_c^2(v_e - 2v_0)}{(v_e - a)(v_0 - a - 2e_v) + e_c^2}. \tag{35}$$

Die Bestimmung der Flügelgleichung aus der zeichnerisch gegebenen Δ-v-Kurve geht nun folgendermaßen vor sich. Zunächst sucht man den Schnittpunkt N der Kurve mit der Geraden $\Delta = v$. Seine Ordinate liefert den Wert v_0. Dann zieht man die Tangente an die Kurve in diesem Punkt N und die Asymptote für große Werte von v. Die Ordinate des Schnittpunktes L der letzteren mit der Geraden $\Delta = v$ liefert den Wert a. Aus der Neigung k_3 der Asymptote bekommt man

$$k = \frac{k_1}{1 - k_3}. \tag{31}$$

Der gegenseitige Schnittpunkt Q der beiden Tangenten liefert noch die beiden Werte v_e und e_v.

Nun kann man sofort a' berechnen aus der Gleichung (35) und dann c aus (13a). Weiter ergibt sich aus der entsprechend umgeformten Gleichung (22)

$$k' = k \cdot \frac{v_e + a' - 2v_0}{v_e - a}. \tag{22a}$$

Die Aufgabe ist also vollständig gelöst.

Will man umgekehrt zu einer gegebenen Gleichung die Δ-v- bzw. δ-v-Kurve aufzeichnen, so berechnet man die Ordinaten der einzelnen Punkte ähnlich wie es für die Δ-n-Kurve angegeben worden ist. Man findet zunächst aus (32)

$$\delta = \sqrt{\left(\frac{a k' - a' k}{2k'} + \frac{k - k'}{2k'} \cdot v\right)^2 + \frac{k}{k'} c^2} - \left(\frac{a k' - a' k}{2k'} + \frac{k - k'}{2k'} \cdot v\right). \tag{36}$$

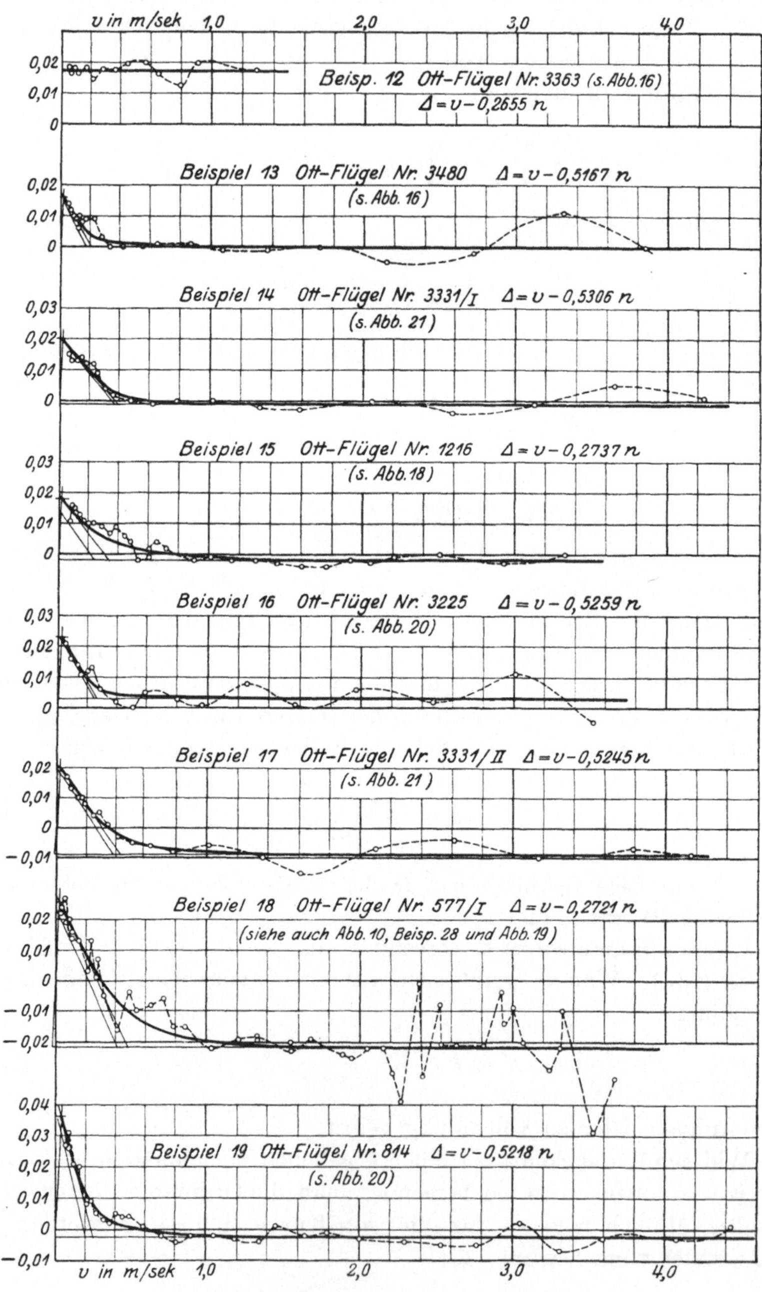

Abb. 7. Δ-v-Kurven, Beispiele 12—19.

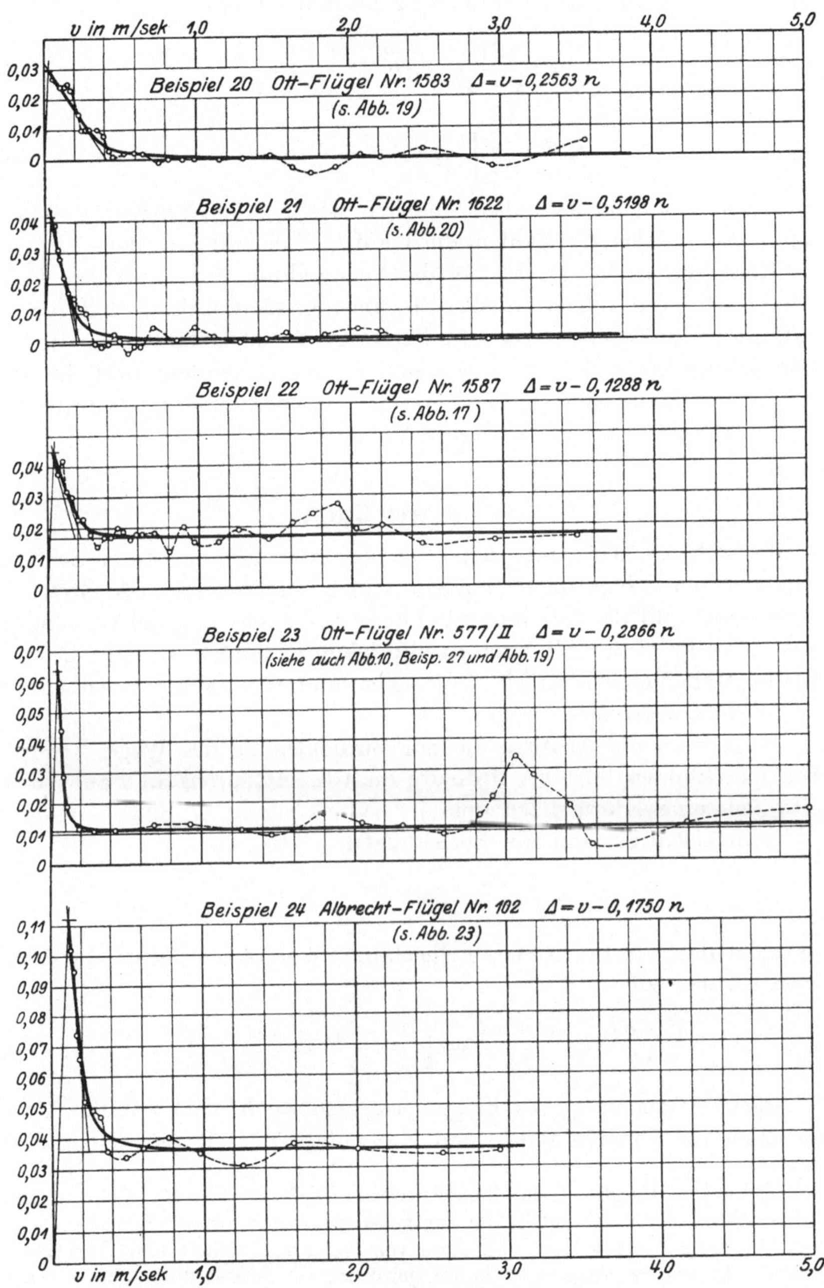

Abb. 8. Δ-v-Kurven, Beispiele 20—24.

Führt man hierin einen Parameter z ein und schreibt

$$v = z\frac{2c}{k-k'}\cdot\sqrt{kk'} + \frac{a'k - ak'}{k-k'}, \tag{37}$$

so folgt

$$\delta = c\sqrt{\frac{k}{k'}}\cdot\left(\sqrt{z^2+1} - z\right). \tag{38}$$

Die Auswertung erfolgt also genau so wie bei der δ-n-Kurve, und es kann auch wieder die Zahlentafel 1 auf S. 7 benutzt werden.

Ein Zahlenbeispiel für die Verwendung der $\varDelta$-v-Kurve ist in Abschnitt VI durchgerechnet. Die umstehenden Abb. 7 und Abb. 8 enthalten 13 Beispiele von $\varDelta$-v-Kurven. Es ist dabei immer $k_1 = k$ und infolgedessen $k_3 = 0$ angenommen, und außerdem sind die Beispiele im allgemeinen nach steigenden Werten von v_0 geordnet. — Erläuterungen dazu in Abschnitt VIII.

c) Die u-t-Kurve.

Je nach der Zeit t, in welcher man bei einer Eichung durch Schleppversuche den Flügel in stehendem Wasser um eine gewisse Strecke s verschiebt, fällt die Gesamtumdrehungszahl u der Schaufel verschieden aus. Man kann deshalb auch die Beziehung zwischen u und t in einer bestimmten Versuchsstrecke aufsuchen und daraus die Geschwindigkeitsformel ableiten[1]).

Trägt man als Abszisse die zur Zurücklegung des Weges s nötige Zeit t (Sekunden) und als Ordinate die Gesamttourenzahl u auf, so ergibt sich eine Kurve nach dem in Abb. 9 gezeigten Bild.

Berücksichtigt man die Beziehungen

$$v = \frac{s}{t} \qquad \text{und} \qquad n = \frac{u}{t}, \tag{39}$$

so findet man aus der früheren Gleichung (8) sofort die Gleichung dieser neuen Kurve zu

$$u = \frac{s-at}{2k} + \frac{s-a't}{2k'} + \sqrt{\left(\frac{s-at}{2k} - \frac{s-a't}{2k'}\right)^2 + \frac{c^2}{kk'}\cdot t}\,. \tag{40}$$

Die u-t-Gleichung des Flügels ist also auch vom zweiten Grad. Sie stellt für positive Werte von k' ebenfalls eine Hyperbel dar. Für

[1]) Wie im „Handbuch der Ingenieurwissenschaften", 3. Aufl. (Leipzig 1892), Bd. 3, Abt. 1, 1. Hälfte auf S. 160 angegeben ist, wurde dieses Verfahren zuerst von Grebenau angewendet und dann von Grabner, Sasse und Exner ausgebaut. In weiteren Kreisen bekannt geworden ist es erst durch die seinerzeit epochemachenden Untersuchungen von Prof. Dr. M. Schmidt über „Die Gleichung des Woltmanschen Flügels in neuer Form und die Ermittlung ihrer Koeffizienten auf graphisch-analytischem Wege", Z. V. d. I. Bd. 39, S. 917ff., Jg. 1895.

negative Werte von k' würde sich zwar eine Ellipse und für den Spezialfall $k' = 0$ eine Parabel ergeben, doch erscheint das für die Diskussion bedeutungslos, nachdem k' nach unserer Erfahrung immer einen positiven Wert hat.

Betrachtet man die u-t-Kurve (Abb. 9) und die v-n-Kurve (Abb. 2) nebeneinander, so ergeben sich leicht einige bemerkenswerte Zusammenhänge.

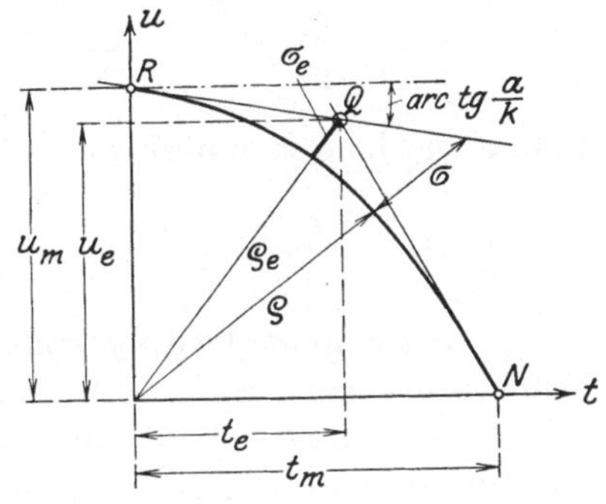

Abb. 9. u-t-Kurve.

Der Schnittpunkt N der v-n-Kurve mit der v-Achse ($n = 0$; $v = v_0$) entspricht dem Schnittpunkt N der u-t-Kurve mit der t-Achse ($u = 0$; $t = t_m$). Es ist

$$t_m = \frac{s}{v_0}. \tag{41}$$

Die Kurventangenten in diesen beiden Punkten entsprechen sich gegenseitig. Der Schnittpunkt R der u-t-Kurve mit der u-Achse ($t = 0$; $u = u_m$) entspricht dem unendlich fernen Punkt ($n = \infty$) der v-n-Kurve. Die Tangente im Punkt R entspricht also der Hauptasymptote der v-n-Kurve. Die Gleichung dieser Tangente findet man infolgedessen aus

$$v = a + kn$$

mit Hilfe der Beziehungen (39) zu

$$u = \frac{s}{k} - \frac{a}{k} \cdot t. \tag{42}$$

Der Abschnitt auf der u-Achse ist also

$$u_m = \frac{s}{k} \tag{43}$$

und die Neigung der Tangente ist gleich $\frac{a}{k}$. Die Größen a, k und v_0 sind also durch die beiden Tangenten in den Schnittpunkten der Kurve mit dem Achsenkreuz vollständig bestimmt.

Der gegenseitige Schnittpunkt Q der beiden genannten Tangenten der u-t-Kurve ist selbstverständlich identisch mit dem gleichnamigen Schnitt der Tangenten der v-n-Kurve. Sind seine Koordinaten u_e und t_e, so besteht nach (39) die Beziehung $\frac{u_e}{t_e} = n_e$. Dem Fahrstrahl vom Koordinatenanfangspunkt nach dem Punkt Q entspricht in Abb. 2 die Parallele zur v-Achse mit der Gleichung $n = n_e$. Die Abschnitte auf diesem Fahrstrahl, vom Nullpunkt bis zur Kurve einerseits und von der Kurve bis zum Punkt Q andererseits, die wir mit ϱ_e und σ_e bezeichnen wollen, stehen in einem bestimmten Zusammenhang zu den Abschnitten v_e und e auf der Linie $n = n_e$. Es ist nämlich nach Abb. 9 und Abb. 2, wenn t und v sich auf den Punkt auf der Kurve beziehen

$$\frac{\sigma_e}{\varrho_e} = \frac{t_e - t}{t} = \frac{s/v_e - s/v}{s/v} = \frac{v - v_e}{v_e} = \frac{e}{v_e}.$$

Daraus ergibt sich umgekehrt, wenn man für v_e den Wert $\frac{s}{t_e}$ einsetzt,

$$e = \frac{s}{t_e} \cdot \frac{\sigma_e}{\varrho_e}. \tag{44}$$

Die nun aufgestellten geometrischen Beziehungen erlauben ohne weiteres, aus der zeichnerisch gegebenen u-t-Kurve die Konstanten der Flügelgleichung zu bestimmen. Man zeichnet zuerst die Tangente an die Kurve im Schnittpunkt R mit der u-Achse und bekommt aus ihrem Abschnitt u_m

$$k = \frac{s}{u_m}. \tag{43 a}$$

Aus der Neigung dieser Tangente bzw. aus den Koordinaten u und t eines beliebigen Punktes auf derselben folgt

$$a = k \cdot \frac{u_m - u}{t}. \tag{45}$$

Dann zeichnet man die Tangente an die Kurve in deren Schnittpunkt N mit der t-Achse und bekommt aus dessen Abszisse t_m

$$v_0 = \frac{s}{t_m}. \tag{41 a}$$

Für den gegenseitigen Schnittpunkt Q der beiden Tangenten stellt man die Koordinaten t_e und u_e und das Verhältnis $\frac{\sigma_e}{\varrho_e}$ der Abschnitte auf seinem Fahrstrahl fest. Dann ergibt sich nacheinander

$$e = \frac{s}{t_e} \cdot \frac{\sigma_e}{\varrho_e}, \tag{44 a}$$

$$a' = v_0 - \frac{e^2}{v_0 - a - 2e}, \tag{24}$$

$$c = \sqrt{(v_0 - a) \cdot (v_0 - a')}, \tag{13 a}$$

$$k' = k - (2 v_0 - a - a') \cdot \frac{t_e}{u_e}. \tag{21 b}$$

Die u-t-Kurve ist also im Prinzip ebenso geeignet zur Bestimmung der Gleichungskonstanten wie die Δ-n- bzw. Δ-v-Kurve und wäre hinsichtlich des Zeitaufwandes für die Auftragung der

Beobachtungswerte sogar etwas im Vorteil. Bei der praktischen Durchführung zeigt aber das Auswertungsverfahren mit Hilfe der u-t-Kurve erhebliche Nachteile, die seine Benutzung als nicht empfehlenswert er-

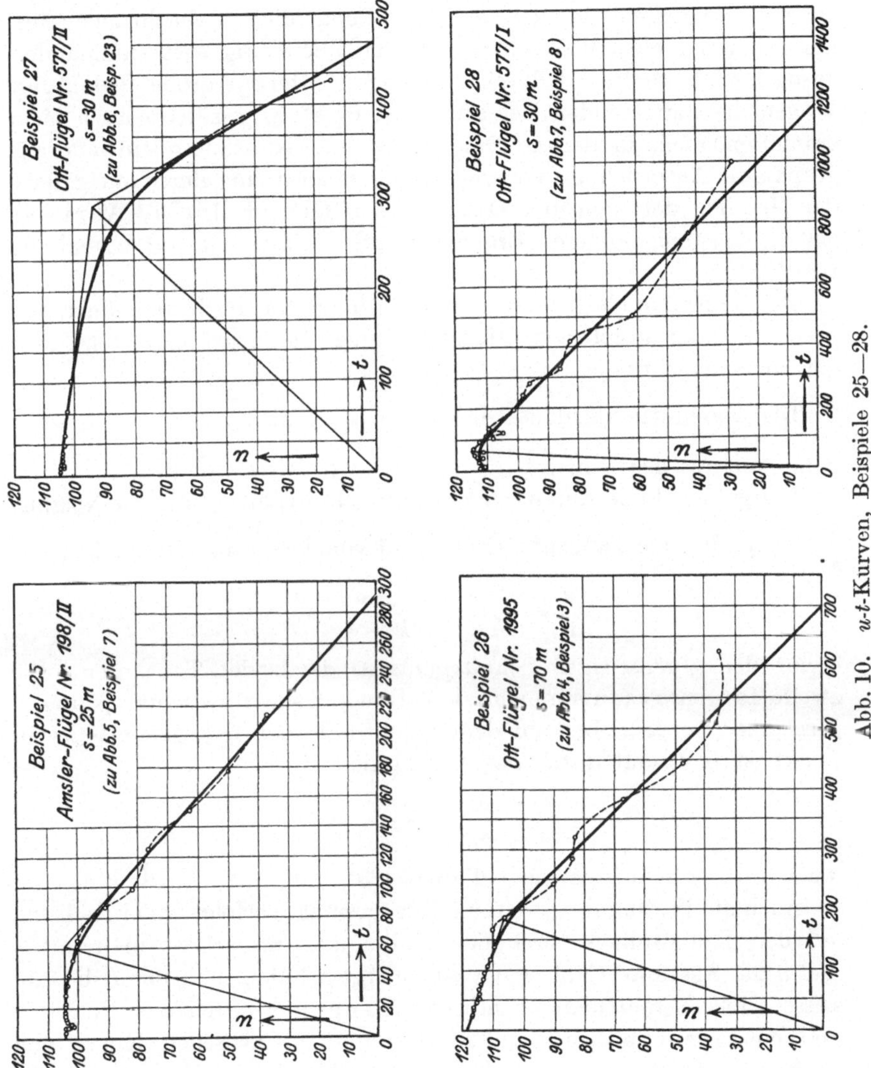

Abb. 10. u-t-Kurven, Beispiele 25—28.

scheinen lassen. In der u-t-Kurve (s. Abb. 10) erscheinen nämlich alle Beobachtungen bei Geschwindigkeiten über etwa 0,5 m auf einen sehr kleinen Raum zusammengedrängt, und es ist unmöglich, aus dem Punkthaufen, der sich bei nicht vorzüglicher Eicheinrichtung und sehr sorgfältiger Durchführung der Versuche ergibt, eine klare Vorstellung über das Verhalten des Flügels bei größeren Geschwindigkeiten zu erlangen. Jedenfalls ist die Bestimmung der Hauptkonstanten k und a aus diesem Punkthaufen bei weitem nicht mit der Genauigkeit möglich, die sich bei der Δ-n- bzw. Δ-v-Kurve ganz von selbst ergibt. Umgekehrt erscheinen in der u-t-Darstellung die Beobachtungen bei kleinen und kleinsten Geschwindigkeiten übermäßig weit auseinandergezogen und erhalten dadurch eine ungerechtfertigt große Bedeutung. Wegen der auftretenden Verzerrung ist es streng genommen nicht einmal möglich, in der u-t-Darstellung eine vollständig einwandfreie graphische Ausgleichung vorzunehmen, wie auch eine Berechnung nach der Methode der kleinsten Quadrate auf Grund der u-t-Werte zu einem ein wenig anderen Ergebnis führen müßte wie auf Grund der v-n-Werte [1]).

Der Vollständigkeit halber sei aber immerhin noch angeführt, wie man zu einer gegebenen Flügelgleichung die zugehörige u-t-Kurve am einfachsten findet.

Die Abschnitte auf dem Achsenkreuz sind mit $u_m = \frac{s}{k}$ und $t_m = \frac{s}{v_0}$ ohne weiteres gegeben.

Die gerade Linie durch den ersteren Schnittpunkt, mit der Neigung $\frac{a}{k}$, liefert die eine Tangente. Ein Strahl vom Ursprung mit der Neigung

$$\frac{u}{t} = n_e = \frac{2\,v_0 - a' - a}{k - k'}$$

ergibt den gegenseitigen Schnittpunkt Q der beiden Tangenten. Die zweite Tangente kann nunmehr als Verbindungslinie zwischen Q und N gezeichnet werden. Der auf dem Fahrstrahl nach Q liegende Kurvenpunkt ist bestimmt durch das Verhältnis

$$\frac{\sigma_e}{\varrho_e} = e \cdot \frac{t_e}{s},$$

wobei e zu errechnen ist nach Formel (23).

Auch die Bestimmung weiterer Kurvenpunkte erfolgt am einfachsten auf den Fahrstrahlen durch den Nullpunkt. Bezeichnet man mit ϱ und σ die Abschnitte auf einem beliebigen Fahrstrahl, mit t die Abszisse seines Schnittpunktes mit der Tangente durch den Punkt R und mit δ, wie früher, die Ordinatendifferenz zwischen Kurve und Asymptote in der v-n-Darstellung, so ergibt sich analog zu (44) die

---

[1]) Es ist aus der Theorie der Ausgleichungsrechnung bekannt, daß die Anwendung der Methode der kleinsten Quadrate zu verschiedenen Ergebnissen führt, je nachdem man sie beispielsweise auf die Gleichung $y = a\,x + b\,x^2$ oder auf die vereinfachte Gleichung $\frac{y}{x} = a + b\,x$ anwendet.

allgemeine Beziehung
$$\frac{\sigma}{\varrho} = \delta \cdot \frac{t}{s}. \tag{46}$$

Führt man das in Gleichung (19) ein und ersetzt in Gleichung (18) n durch $\frac{u}{t}$, wobei noch die Formel (42) zu berücksichtigen ist, so erhält man die beiden Parametergleichungen

$$t = s \cdot \frac{\frac{k - k'}{2\,k\,c}}{z + \frac{a'\,k - a\,k'}{2\,k\,c}} \tag{47}$$

und
$$\frac{\sigma}{\varrho} = \frac{c}{s} \cdot t \cdot \left(\sqrt{z^2 + 1} - z\right). \tag{48}$$

Der Vorgang ist nun der, daß man mit Hilfe von willkürlich gewählten Werten von z erst das zugehörige t und hernach das entsprechende $\frac{\sigma}{\varrho}$ ausrechnet, wozu man wieder die Zahlentafel 1 auf S. 7 benutzt.

Ein Zahlenbeispiel für die Verwendung der u-t-Kurve ist in Abschnitt VI durchgerechnet.

Die Abb. 10 auf Seite 21 enthält 4 charakteristische u-t-Kurven für Flügel, für welche in den Abb. 4, 5, 7 und 8 auch die Δ-n- bzw. Δ-v-Kurven angegeben sind. Die bemerkenswerten Ausbuchtungen in den Eichungskurven für die Flügel Amsler 198/II und Ott 577/II sind in der u-t-Darstellung im einen Fall nur sehr schwach, im andern gar nicht erkenntlich.

V. Ersatz der allgemeinen Flügelgleichung durch zwei einfacher gebaute Näherungsgleichungen.

Die einfachste, durch unsere Untersuchung auch theoretisch begründete Näherung, die in vielen Fällen vollauf ausreicht, ist der Ersatz der allgemeinen Flügelgleichung durch 2 sich schneidende Gerade, also die Darstellung in der Form

$$\text{für kleine } n: \quad v = a' + k'\,n,$$
$$\text{für größere } n: \quad v = a + k\,n.$$

Bei Anwendung dieser linearen Gleichungen muß man k ein wenig kleiner, die Werte von a, a' und k' hingegen ein wenig größer annehmen als bei der strengen Ausgleichung, damit die Abweichungen der Punktschar von den beiden Geraden möglichst klein werden.

Eine bessere Annäherung, die gleichwohl die Tourenzahl n nur in der ersten Potenz enthält, ergibt sich, wenn man von Gleichung (7) ausgeht und dort das dritte Glied der rechten Seite, in welchem v im Nenner vorkommt, etwas umgestaltet. Dieses dritte Glied ist immer ziemlich klein, und ein kleiner Fehler in ihm macht am Gesamtresultat wenig aus. Es erscheint daher angängig, statt des wahren Wertes von v im Nenner nur einen Näherungswert dafür einzusetzen. Wir wählen dafür eine lineare Funktion von n, nämlich eine Parallele zu der einen oder anderen Asymptote durch den senkrecht über P liegenden Kurvenpunkt, je nachdem es sich um ein Kurvenstück diesseits oder jenseits von P handelt. Wir ersetzen also v in einem Fall durch $a + kn + c$, im anderen Fall durch $a' + k'n + c$ und erhalten dann für

$$n < \frac{a' - a}{k - k'}; \quad v = a' + k'n + \frac{c^2}{c - (a - a') - (k - k')\,n}, \tag{49}$$

$$n > \frac{a' - a}{k - k'}; \quad v = a + k\,n + \frac{c^2}{c + (a - a') + (k - k')\,n}. \tag{50}$$

Diese beiden Gleichungen stellen den Verlauf der Flügelkurve in so guter Annäherung dar, daß sie gegenüber der strengen Gleichung fast nur mehr den Nachteil der mangelnden theoretischen Begründung haben.

Bezeichnet man den Wert des dritten Gliedes dieser Gleichungen mit ε' bzw. ε und führt wieder einen Parameter z ein in Übereinstimmung mit der früheren Formel (18), so ergibt sich

$$\varepsilon = \frac{c}{1 + 2z} \quad \text{und} \quad \varepsilon' = \frac{c}{1 - 2z}.$$

Die Differenz zwischen der genauen Flügelkurve und den beiden Näherungskurven ist dann gleich $\delta - \varepsilon$ bzw. $\delta' - \varepsilon'$. Man findet dafür

$$\delta - \varepsilon = c \cdot \left(\sqrt{z^2 + 1} - z - \frac{1}{1 + 2z}\right), \tag{51}$$

$$\delta' - \varepsilon' = c \cdot \left(\sqrt{z^2 + 1} + z - \frac{1}{1 - 2z}\right). \tag{52}$$

Der Wert der Klammerausdrücke ist in Abb. 11 graphisch dargestellt.

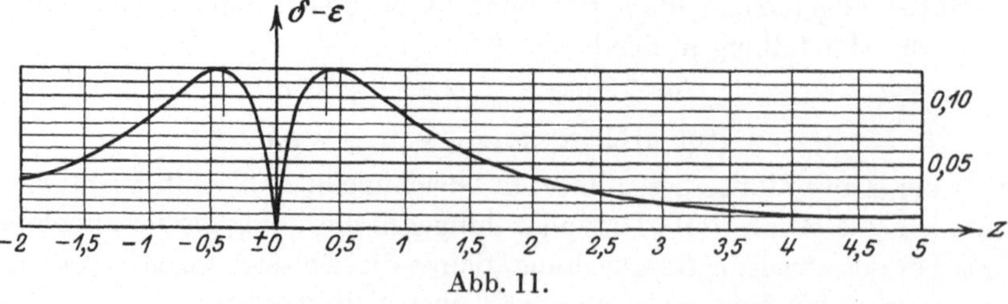

Abb. 11.

Man sieht, daß der Fehler der Näherungsgleichung am größten ist für $z = \pm 0{,}4$ und dort den Betrag $0{,}12c$ annimmt. Da c in keinem von uns untersuchten Fall größer war als 0,048 m, ist der Fehler der Näherungsgleichung äußerstenfalls gleich 0,0058 m/sk. In der Regel

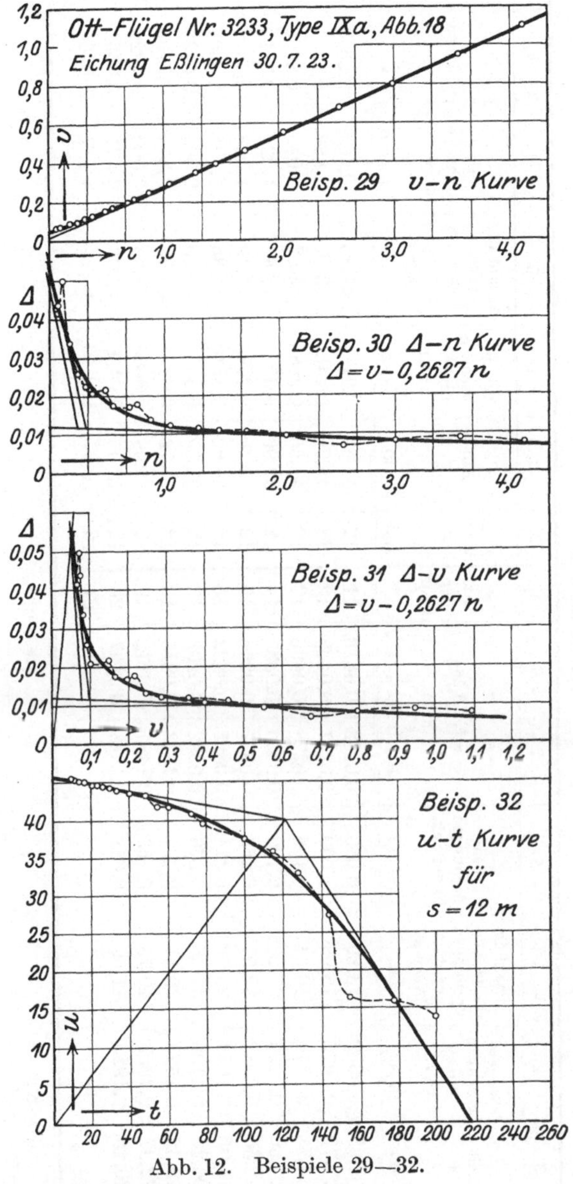

Abb. 12. Beispiele 29—32.

ist aber c nur etwa gleich 0,015 und damit der Fehler an der ungünstigsten Stelle der Kurve nur 0,0014 m/sk. Diese Abweichung liegt vollständig innerhalb der unvermeidlichen Beobachtungsfehler, so daß die Näherungsgleichung als vollständig ebensogut wie die genaue Gleichung gelten kann.

VI. Zusammenstellung der Arbeitsvorgänge für die Aufstellung einer Flügelgleichung mit Hilfe der Δ-n- oder Δ-v- oder u-t-Kurve.

Dazu als Beispiel Eichung des Ott-Flügels Nr. 3233, Type IXc, Schaufel 1, im Maschinenlaboratorium der Höheren Maschinenbauschule in Eßlingen a. N., am 30. VII. 1923; mit Zahlentafel 2 und Abb. 12.

Zahlentafel 2.

1.	2.	3.	4.	5.	6.	7.	8.	1.	2.	3.	4.	5.	6.	7.	8.
Nr. der Fahrt	Weg s	Zeit t	Wagengeschwindigkeit $v=s/t$	Anzahl der Flügelumdrehungen auf dem Wege s	Umdrehungen in der Sek.	Für $k_1=0{,}264$		Nr. der Fahrt	Weg s	Zeit t	Wagengeschwindigkeit $v=s/t$	Anzahl der Flügelumdrehungen auf dem Wege s	Umdrehungen in der Sek.	Für $k_1=0{,}264$	
	(m)	(sk)	(m/sk)	u	$n=u/t$	$k_1 n$	$\Delta=v-k_1 n$		(m)	(sk)	(m/sk)	u	$n=u/t$	$k_1 n$	$\Delta=v-k_1 n$
1	12	199,93	0,0600	13,80	0,069	0,0182	0,0418	11	12	54,85	0,2187	41,85	0,763	0,2013	0,0174
2	12	177,70	0,0675	15,98	0,090	0,0237	0,0438	12	12	48,76	0,2461	43,07	0,883	0,2331	0,0130
3	12	154,78	0,0774	16,34	0,106	0,0278	0,0496	13	12	41,55	0,2888	43,52	1,048	0,2768	0,0120
4	12	144,00	0,0833	27,28	0,189	0,0500	0,0333	14	12	33,90	0,3536	43,87	1,295	0,3419	0,0117
5	12	128,50	0,0933	32,97	0,256	0,0677	0,0256	15	12	30,10	0,3986	44,19	1,468	0,3877	0,0109
6	12	114,95	0,1044	35,78	0,311	0,0822	0,0222	16	12	26,02	0,4610	44,35	1,705	0,4501	0,0109
7	12	100,20	0,1198	37,66	0,376	0,0992	0,0206	17	12	21,70	0,5528	44,69	2,060	0,5435	0,0093
8	12	78,52	0,1528	39,51	0,497	0,1313	0,0215	18	12	17,72	0,6772	45,00	2,540	0,6705	0,0067
9	12	72,32	0,1659	40,73	0,563	0,1487	0,0172	19	12	15,00	0,8000	45,00	3,000	0,7920	0,0080
10	12	60,45	0,1985	41,60	0,688	0,1818	0,0167	20	12	12,65	0,9486	45,06	3,561	0,9400	0,0086
								21	12	10,97	1,0940	45,16	4,117	1,0865	0,0075

Δ-n-Kurve	Δ-v-Kurve	u-t-Kurve

1. Aus dem Chronographenstreifen (s. Abb. 22) die zusammengehörigen Werte von Weg s, Zeit t und Umdrehungen u entnehmen und tabellarisch aufschreiben.
2. Die Tabelle durch Berechnung der Schleppgeschwindigkeiten $v = \frac{s}{t}$ und der sekundlichen Umdrehungszahlen $n = \frac{u}{t}$ erweitern.

<table>
<tr><td colspan="3">3. Die zusammengehörigen Werte n und v graphisch auftragen, und zwar die n als Abszissen, die v als Ordinaten (Abb. 12, Beisp. 29).</td></tr>
<tr><td colspan="2">4. Durch die Punktreihe für v größer als ungefähr 0,5 m nach dem Augenmaß eine vorläufige, ausgleichende Gerade legen und aus 2 auf ihr liegenden Punkten mit den Koordinaten n_1, v_1 und n_2, v_2 die Neigung
$k_1 = \frac{v_2 - v_1}{n_2 - n_1}$ bestimmen. $\left(k_1 = \frac{1,067 - 0,539}{4,0 - 2,0} = 0,264\right)$</td><td></td></tr>
<tr><td colspan="2">5. Die Tabelle durch eine Spalte mit den Produkten $k_1 n$ erweitern.
$(k_1 = 0,264)$</td><td>Alle Umdrehungszahlen auf eine einheitliche Fahrstrecke s reduzieren. (Im Beispiel war $s = 12$ m von vornherein bei allen Fahrten gleich.)</td></tr>
<tr><td colspan="2">6. In die nächste Spalte die Differenzen $\Delta = v - k_1 n$ einschreiben.</td><td>Alle Zeiten auf eine einheitliche Fahrstrecke s reduzieren.</td></tr>
<tr><td>7. Die zusammengehörigen Werte von Δ und n graphisch auftragen, und zwar die n als Abszissen, die Δ als Ordinaten. (Abb. 12, Beisp. 30.)</td><td>Die zusammengehörigen Werte von Δ und v graphisch auftragen, und zwar die v als Abszissen, die Δ als Ordinaten. (Abb. 12, Beisp. 31.)</td><td>Die reduzierten zusammengehörigen Werte von u und t graphisch auftragen, und zwar die t als Abszissen, die u als Ordinaten. (Abb. 12, Beisp. 32.)</td></tr>
<tr><td>8. Ausgleichende Δ-n-Kurve nach dem Gefühl zeichnen und bis zum Schnittpunkt mit der Δ-Achse verlängern.</td><td>Ausgleichende Δ-v-Kurve nach dem Gefühl zeichnen und bis zum Schnittpunkt mit der durch den Nullpunkt gehenden Geraden mit der Gleichung $\Delta = v$ verlängern.</td><td>Ausgleichende u-t-Kurve nach dem Gefühl zeichnen und bis zu den Schnittpunkten mit den beiden Achsen verlängern.</td></tr>
<tr><td>9. Asymptote zeichnen.</td><td>Asymptote zeichnen.</td><td>Tangente im Schnittpunkt mit der u-Achse zeichnen.</td></tr>
</table>

Δ-n-Kurve	Δ-v-Kurve	u-t-Kurve
10. Aus 2 auf ihr liegenden Punkten mit den Koordinaten n_1, Δ_1 und n_2, Δ_2 die Neigung $k_2 = \frac{\Delta_2 - \Delta_1}{n_2 - n_1}$ feststellen. $\left(k_2 = \frac{0{,}0068 - 0{,}0120}{4{,}0 - 0{,}0} = -0{,}0013\right)$	Aus 2 auf ihr liegenden Punkten mit den Koordinaten v_1, Δ_1 und v_2, Δ_2 die Neigung $k_3 = \frac{\Delta_2 - \Delta_1}{v_2 - v_1}$ feststellen. $\left(k_3 = \frac{0{,}0060 - 0{,}0114}{1{,}2 - 0{,}1} = -0{,}0049\right)$	Ordinate u_m des Schnittpunktes der Kurve bzw. der Tangente mit der u-Achse feststellen ($u_m = 45{,}7$).
11. Hauptkonstante des Flügels berechnen aus $k = k_1 + k_2$ ($k = 0{,}2640 - 0{,}0013 = 0{,}2627$).	Hauptkonst. des Fl. berechnen aus $k = \frac{k_1}{1 - k_3}\left(k = \frac{0{,}2640}{1 + 0{,}0049} = 0{,}2627\right)$.	Hauptkonst. des Fl. berechnen aus $k = \frac{s}{u_m}$ $\left(k = \frac{12}{45{,}7} = 0{,}2627\right)$.
12. Ordinate a des Schnittpunktes der Asymptote mit der Δ-Achse feststellen. ($a = 0{,}0120$)	Ordinate a des Schnittpunktes der Asymptote mit der Geraden mit der Gleichung $\Delta = v$ feststellen. ($a = 0{,}0120$)	Für einen beliebigen Punkt auf der Tangente die Koordinaten u und t feststellen und dann berechnen. $a = k \cdot \frac{u_m - u}{t}$ $\left(a = 0{,}2627 \frac{45{,}7 - 41{,}9}{100} = 0{,}012\right)$.
13. Ordinate v_0 des Schnittpunktes der Kurve mit der Δ-Achse feststellen. ($v_0 = 0{,}0550$)	Ordinate v_0 des Schnittpunktes der Kurve mit der Geraden mit der Gleichung $\Delta = v$ feststellen. ($v_0 = 0{,}0550$)	Abszisse t_m des Schnittp. d. Kurve mit d t-Achse feststellen u. daraus berechn. $v_0 = \frac{s}{t_m}$ $\left(v_0 = \frac{12}{218} = 0{,}0550\right)$.

14. Tangente an die Kurve in diesem Schnittpunkt zeichnen.	Tangente an die Kurve in diesem Schnittpunkt zeichnen.	Tangente an die Kurve in diesem Schnittpunkt zeichnen.
15. Schnittpunkt dieser Tangente mit der Asymptote markieren und dessen Abszisse n_e feststellen. $(n_e = 0{,}33)$	Schnittpunkt dieser Tangente mit der Asymptote markieren und dessen Abszisse v_e feststellen. $(v_e = 0{,}099)$	Gegenseitigen Schnittpunkt beider Tangenten markieren und dessen Koordinaten t_e und u_e feststellen. $(t_e = 121{,}5; \quad u_e = 40{,}1)$
16. Ordinatendifferenz e zwischen Kurve und Asymptote im vorgenannten Schnittpunkt feststellen. $(e = 0{,}0110)$	Ordinatendifferenz e_v zwischen Kurve und Asymptote im vorgenannten Schnittpunkt feststellen. $(e_v = 0{,}0138)$	Für den Radiusvektor nach dem vorgenannten Schnittpunkt das Verhältnis $\frac{\sigma_e}{\varrho_e}$ feststellen und daraus berechnen $e = \frac{s}{t_e} \cdot \frac{\sigma_e}{\varrho_e}$ $\left(\frac{\sigma_e}{\varrho_e} = \frac{10}{90} = 0{,}111;\ e = \frac{12}{121{,}5} \cdot 0{,}111 = 0{,}011\right).$
17. $a' = v_0 - \frac{e^2}{v_0 - a - 2e}$ $a' = 0{,}0550 - \frac{0{,}000121}{0{,}055 - 0{,}012 - 0{,}022}$ $= 0{,}0550 - 0{,}0055 = 0{,}0495.$	$a' = \frac{v_0(v_e - a)(v_0 - a - 2e_v) - e_v^2(v_e - 2v_0)}{(v_e - a)(v_0 - a - 2e_v) + e_v^2}$ $a' = \frac{0{,}055 \cdot 0{,}087 \cdot 0{,}0154 + 0{,}00019 \cdot 0{,}011}{0{,}087 \cdot 0{,}0154 + 0{,}00019}$ $= \frac{0{,}0000737 + 0{,}0000021}{0{,}00134 + 0{,}00019} = 0{,}0495.$	$a' = v_0 - \frac{e^2}{v_0 - a - 2e}$ $a' = 0{,}0550 - \frac{0{,}011^2}{0{,}021}$ $= 0{,}0550 - 0{,}0055 = 0{,}0495.$

	Δ-n-Kurve	Δ-v-Kurve	u-t-Kurve
18.	$c = \sqrt{(v_0 - a) \cdot (v_0 - a')}$	$c = \sqrt{(v_0 - a) \cdot (v_0 - a')}$	$c = \sqrt{(v_0 - a) \cdot (v_0 - a')}$
	$c = \sqrt{0{,}0430 \cdot 0{,}0055} = 0{,}0154\,.$	$c = \sqrt{0{,}0430 \cdot 0{,}0055} = 0{,}0154\,.$	$c = \sqrt{0{,}0430 \cdot 0{,}0055} = 0{,}0154\,.$
19.	$k' = k - \frac{2\,v_0 - a' - a}{n_e}$	$k' = k \cdot \frac{v_e + a' - 2\,v_0}{v_e - a}$	$k' = k - \frac{t_e}{u_e} \cdot (2\,v_0 - a' - a)$
	$k' = 0{,}2627 - \frac{0{,}0485}{0{,}33} = 0{,}1157\,.$	$k' = 0{,}2627 \cdot \frac{0{,}0385}{0{,}087} = 0{,}1157\,.$	$k' = 0{,}2627 - \frac{121{,}5}{40{,}1} \cdot 0{,}0485 = 0{,}1157\,.$

20. Damit ist die Konstantenbestimmung beendet. Die Flügelgleichung lautet in ihrer streng richtigen Form

$$v = \frac{a + a'}{2} + \frac{k + k'}{2}\,n + \sqrt{\left(\frac{a - a'}{2} + \frac{k - k'}{2}\,n\right)^2 + c^2}\,; \quad v = 0{,}0307 + 0{,}1892\,n + \sqrt{(0{,}0735\,n - 0{,}0187)^2 + 0{,}000237}\,.$$

Für die praktische Anwendung bequemer und ebenso genau sind die beiden Näherungsgleichungen

$$\text{für } n < \frac{a' - a}{k - k'}\,; \quad v = a' + k'\,n + \frac{c^2}{c - (a - a') - (k - k')\,n}\,; \qquad \text{für } n < 0{,}255\,; \quad v = 0{,}0495 + 0{,}1157\,n + \frac{0{,}0045}{1 - 2{,}78\,n}\,;$$

$$\text{für } n > \frac{a' - a}{k - k'}\,; \quad v = a + k\,n + \frac{c^2}{c + (a - a') + (k - k')\,n}\,; \qquad \text{für } n > 0{,}255\,; \quad v = 0{,}0120 + 0{,}2627\,n + \frac{0{,}0107}{6{,}67\,n - 1}\,.$$

Zur Probe auf richtige Ausgleichung bzw. zur Aufzeichnung der Kurve sind folgende Operationen vorzunehmen:

21. z = beliebig anzunehmender Zahlenwert zwischen ungefähr $-1{,}0$ und $+8{,}0$.

22. Die zugehörigen Werte ausrechnen für

$$n = z \cdot \frac{2c}{k-k'} + \frac{a'-a}{k-k'}$$

$$n = 0{,}209\, z + 0{,}255.$$

23. Die zugehörigen Ordinatendifferenzen zwischen der Kurve und der Asymptote sind

$$\delta = c \cdot \left(\sqrt{z^2+1} - z\right)$$

$$\delta = 0{,}0154 \left(\sqrt{z^2+1} - z\right).$$

$z =$	$-0{,}5$	0	0,5	1,0	1,5
$n =$	0,150	0,255	0,360	0,464	0,559
δ m/sk	0,0249	0,0154	0,0095	0,0064	0,0047

$z =$	2	3	4	6	8
$n =$	0,673	0,882	1,091	1,509	1,927
δ m/sk	0,0036	0,0025	0,0019	0,0013	0,0009

z = beliebig anzunehmender Zahlenwert zwischen ungefähr $-1{,}0$ und $+8{,}0$.

Die zugehörigen Werte ausrechnen für

$$v = z \cdot \frac{2c}{k-k'} \cdot \sqrt{k k'} + \frac{a' k - a k'}{k-k'}$$

$$v = 0{,}0365\, z + 0{,}079.$$

Die zugehörigen Ordinatendifferenzen zwischen der Kurve und der Asymptote sind

$$\delta_v = c \sqrt{\frac{k}{k'}} \cdot \left(\sqrt{z^2+1} - z\right)$$

$$\delta_v = 0{,}0232 \left(\sqrt{z^2+1} - z\right..$$

$z =$	0	0,5	1,0	1,5	2,0
$v =$	0,079	0,097	0,116	0,134	0,152
δ m/sk	0,0232	0,0143	0,0095	0,0070	0,0054

$z =$	3	4	6	8
$v =$	0,189	0,225	0,298	0,371
δ m/sk	0,0037	0,0027	0,0019	0,0014

z = beliebig anzunehmender Zahlenwert zwischen ungefähr $-1{,}0$ und $+5{,}0$.

Die zugehörigen Werte ausrechnen für

$$t = s \cdot \frac{\dfrac{k-k'}{2kc}}{z + \dfrac{a'k - ak'}{2kc}} \qquad t = \frac{218}{z + 1{,}43}.$$

Die zugehörigen Werte des Verhältnisses $\frac{\sigma}{\varrho}$ auf den entsprechenden Radienvektoren sind

$$\frac{\sigma}{\varrho} = \frac{c}{s} \cdot t\left(\sqrt{z^2+1} - 1\right)$$

$$\frac{\sigma}{\varrho} = 0{,}00128 \cdot t \cdot \left(\sqrt{z^2+1} - 1\right).$$

$z =$	$-0{,}5$	0	0,5	1	2
$t =$	234	152	112	89,6	63,5
$\frac{\sigma}{\varrho} =$	0,485	0,195	0,089	0,048	0,019
$\sigma + \varrho =$ (mm)	137,0	109,2	99,2	95,0	91,8
$\varrho =$ (mm)	92,2	91,4	91,1	90,6	90,1

VII. Spezialfälle der allgemeinen Flügelgleichung.

Die von uns aufgestellte allgemeine Flügelgleichung (9) bzw. (9a) enthält 5 voneinander unabhängige Konstanten. Wenn man der einen oder anderen den Wert Null beilegt oder die Gleichheit zweier Konstanten voraussetzt, ergeben sich die verschiedenen Formeln, die früher von anderen Autoren abgeleitet worden sind, so daß man ohne weiteres erkennen kann, unter welchen Voraussetzungen diese früher aufgestellten Formeln anwendbar wären.

a) Setzt man $c = o$, so zerfällt die Hyperbel in 2 Gerade mit den Gleichungen

$$v = a + kn \quad \text{und} \quad v = a' + k'n. \tag{10}$$

Wenn $a' > a$, dann haben beide Geraden physikalische Bedeutung, und es ist dann $v_0 = a'$. Wenn hingegen $a' \lesseqgtr a$, dann hat nur die erste Gerade physikalische Bedeutung, und es ist $v_0 = a$. Die Erfahrung lehrt, daß tatsächlich der Wert von c nicht selten so klein ist, daß man ihn ohne wesentlichen Fehler vernachlässigen kann, und daß dann die Flügelkurve gut durch zwei oder unter Umständen durch eine Gerade darstellbar ist.

Beispiel für Ausgleichung durch nur eine Gerade.

Abb. 7, Beisp. 12, Ott - Flügel Type V, Fabr.-Nr. 3363, Schaufel 1. Eigentum des Maschinenlaboratoriums der Höheren Maschinenbauschule in Eßlingen. Eichung vorgenommen im Laboratorium als „Übung mit Schülern“ unter Leitung von Prof. Dr. Staus. (Das Meßgerinne hat nur eine Länge von 15 m und es sind deshalb keine größeren Fahrgeschwindigkeiten als 1,3 m/sk zulässig.) Die Flügelgleichung lautet

$$v = 0{,}017 + 0{,}2655\,n.$$

Der mittlere Fehler einer Beobachtung ist $\pm$ 0,002 m/sk.

Beispiele für Ausgleichung durch 2 Gerade.

Diese Ausgleichungsart findet sich zwar unter den Schaubildern nicht ohne weiteres, doch ist bei einigen der Wert von c so klein, daß man die Punktreihe hätte mit fast unverminderter Genauigkeit durch 2 sich schneidende Gerade ausgleichen können.

Abb.	Beispiel	Fabrikat	Nr.	c in m/sk
4	1	Ott	817	0,0020
7	14	„	3331/I	0,0036
5	8	„	3736	0,0036
7	16	„	3225	0,0037
8	20	„	1583	0,0046
7	13	„	3480	0,0046
5	6	„	385/II	0,0050
8	22	„	1587	0,0063

b) Setzt man $a' = 0$ und $k' = 0$, so folgt aus (7)

$$v = a + kn + \frac{c^2}{v} \tag{53}$$

bzw. aus (9)

$$v = \frac{a + kn}{2} + \sqrt{\left(\frac{a + kn}{2}\right)^2 + v_0 (v_0 - a)}\,. \tag{53a}$$

Das ist die von Rateau[1]) aufgestellte Flügelgleichung. Sie ergibt eine Hyperbel, deren Verlauf vollständig bestimmt ist durch die Asymptote $v = a + kn$ und einen beliebigen Punkt außerhalb derselben. Ist nämlich dessen Abstand von der Asymptote gleich δ und die zugehörige Geschwindigkeit gleich v, so errechnet sich nach (7a) der Wert von c aus der Beziehung

$$c = \sqrt{\delta \cdot v}\,.$$

Die für diese Formel von Rateau nötigen Voraussetzungen $a' = 0$ und $k' = 0$ haben sich nach unseren Untersuchungen an Hunderten von Instrumenten in keinem Fall bestätigt gezeigt.

c) Setzt man $a = 0$ und $a' = 0$, so folgt

$$v = \frac{k + k'}{2} \cdot n + \sqrt{\left(\frac{k - k'}{2} \cdot n\right)^2 + v_0^2}\,. \tag{54}$$

Führt man die Bezeichnung ein

$$\frac{k + k'}{2} = p \quad \text{und} \quad \frac{k - k'}{2} = q \tag{55}$$

bzw.

$$k = p + q \quad \text{und} \quad k' = p - q\,,$$

so ergibt sich die allbekannte Formel von Baumgarten[2])

$$v = pn + \sqrt{q^2 n^2 + v_0^2}\,. \tag{55a}$$

Eine andere Substitution

$$\frac{k - k'}{2k} = \beta \tag{56}$$

[1]) Rateau, A.: Expériences et théories sur le tube de Pitot et le moulinet de Woltman, Ann. des Mines, Mars 1898. — Note complémentaire, Ann. des Mines, Juillet 1902.

De la Brosse: Note sur la théorie du tarage des Moulinets. Ann. du Ministère de l'Agriculture, Fsc. 32, Service d'Etudes des Grandes Forces hydrauliques, Tome I, S. 105. Paris 1905.

[2]) Baumgarten: Sur le moulinet de Woltman, destiné à mesurer les vitesses de l'eau, sur son perfectionnement et sur les expériences faites avec cet instrument, Ann. des Ponts et Chaussées Tome XIV, 1847, 2e sémestre.

führt auf die von Professor Dr. M. Schmidt[1]) aufgestellte und von der unter seiner Leitung stehenden Hydrometrischen Prüfanstalt der Technischen Hochschule München fast ausschließlich angewendete Formel

$$v = (1 - \beta)\, k\, n + \sqrt{\beta^2 k^2 n^2 + v_0{}^2}\,. \tag{56a}$$

Eine dritte Substitution

$$k + k' = -\zeta \quad \text{und} \quad k\,k' = -\eta \tag{57}$$

liefert die von Gümbel[2]) auf Grund der Anwendung der Theorie der Luft- und Wasserfahrzeug-Propeller aufgestellte Gleichung

$$v = -\frac{\zeta}{2}\cdot n + \sqrt{\left[\eta + \left(\frac{\zeta}{2}\right)^2\right] n^2 - v_0{}^2}\,. \tag{57a}$$

Sowohl Gümbel als auch Schmidt haben für die vorgenannten Formeln gewisse Beziehungen zwischen den einzelnen Konstanten aufgestellt, die wir einer kurzen Betrachtung unterziehen wollen.

Gümbel nimmt auf Grund der Taylorschen Versuchsergebnisse mit Schiffsschrauben an, daß die für diese ermittelten Beziehungen

$$\zeta = -0{,}547\, K \quad \text{und} \quad \eta = 0{,}509\, K^2 \tag{58}$$

auch für hydrometrische Flügel gelten. Dabei bedeutet K die geometrische Steigung der Schraube. Nun ist nach der vorgenannten Definition von ζ und η

$$k = -\frac{\zeta}{2} + \sqrt{\eta + \left(\frac{\zeta}{2}\right)^2} \quad \text{und} \quad k' = -\frac{\zeta}{2} - \sqrt{\eta + \left(\frac{\zeta}{2}\right)^2}\,. \tag{57b}$$

Berücksichtigt man die angeführte Abhängigkeit (58) der Werte ζ und η von K, so kommt man zu der Folgerung:

$$k = 1{,}037\, K \quad \text{und} \quad k' = -0{,}491\, K = -0{,}473\, k\,. \tag{59}$$

Das Ergebnis (59), daß das Verhältnis $\frac{k}{K}$ der hydraulischen zur geometrischen Steigung für alle Flügel dasselbe, und zwar gleich 1,037 sei, widerspricht der Erfahrung. Dieses Verhältnis wechselt zwischen 1,00 und ungefähr 1,07, je nach der Art der Schaufel und besonders je nach Art der Befestigung des Flügelkörpers an einer Stange oder an einem Seil. Beispielsweise gibt Schmidt bei Befestigung

---

[1]) Schmidt, a. a. O. — Außerdem: Untersuchungen über die Umlaufbewegung hydrometrischer Flügel; Heft 11 der „Mitteilungen über Forschungsarbeiten", herausgeg. v. V. d. I. 1903. Auszugsweise auch in Z. V. d. I. Bd. 47, S. 1698ff. 1903, sowie in den Sitzungsberichten der Mathem.-phys. Klasse des Kgl. Bayer. Akad. d. Wissenschaften Bd. 33, H. 2. 1903.

[2]) Gümbel: Zur Theorie der hydrometrischen Schraube, Z. f. d. ges. Turb.-Wes., 16. Jahrg., S. 137—140. 1919.

des Flügels an einem Seil den Mittelwert 1,02 und bei Befestigung an einer Stange den Mittelwert 1,04 an[1]).

Die weitere Folgerung aus den Gümbelschen Zahlen, daß auch das Verhältnis $\frac{k'}{k}$ konstant, und zwar gleich $-0,474$ sei, widerspricht der Erfahrung noch mehr. Nach unseren Untersuchungen kann k' überhaupt nicht negativ werden.

Schmidt hat für seine Gleichung (56a) gefunden, daß β von der Größe von v_0 abhängig ist[2]) gemäß der Formel

$$\beta = -0,115 + 9,2\, v_0\,, \tag{60}$$

was wir schreiben wollen in der Form

$$\beta = \frac{v_0 - 0,0125}{0,1087}\,. \tag{60a}$$

Diese Beziehung soll aber nur gelten für v_0 größer als 0,0125 und kleiner als 0,121 m/sk, während β für $v_0 < 0,0125$ m/sk immer gleich Null und für $v_0 > 0,121$ m/sk immer gleich 1 zu setzen sei.

Wir stimmen damit überein, daß die Gleichungen (56a) und (60) das Verhalten des hydrometrischen Flügels häufig mit einem für die Praxis ausreichenden Genauigkeitsgrad auszudrücken vermögen, müssen dieselben aber im Prinzip für unrichtig erachten. Nach unserer Auffassung kann nämlich β niemals gleich Null werden. Für $\beta = 0$ würde die Gleichung (56a) übergehen in $v = k \cdot n + v_0$. Diese neue Gleichung ist zwar scheinbar richtig gebaut, bedeutet aber bei genauerer Betrachtung, daß die Geschwindigkeitskurve sich niemals der Asymptote $v = k \cdot n$ nähert, sondern für alle Geschwindigkeiten einen konstanten Abstand $\delta = v_0$ von derselben hat. Die physikalisch richtige Aussage sollte aber die sein, wie es bei unserer Gleichung (9a) für $c = 0$ zutrifft, daß die Geschwindigkeitskurve für alle Geschwindigkeiten mit der Asymptote zusammenfällt.

Wir sind auf Grund der Zahlenwerte der Formel (60a) zu der Annahme geneigt, daß bei den für die Aufstellung dieser Formel benutzten Eichungen des Geodätischen Institutes der Technischen Hochschule München nicht, wie a priori angenommen, $a = 0$, sondern im Mittel gleich 0,0125 m/sk gewesen sein dürfte. Bei einer von uns vorgenommenen Zusammenstellung der Eichungen von ungefähr 100 Flügeln der verschiedensten Bauart (Fabrikat Ott) an der Versuchsanstalt für Wasserbau und Schiffbau in Berlin waren die extremsten Werte für a gleich $+0,030$ und $-0,020$, während die meisten Werte zwischen

[1]) Z. V. d. I. Bd. 47, S. 1699. Jg. 1903.
[2]) Ebenda S. 1784.

$+0{,}020$ und $-0{,}005$ lagen. Der Mittelwert daraus wäre wiederum rd. 0,01 m/sk.

d) Die Schmidtsche Gleichung

$$v = (1 - \beta)\, k n + \sqrt{\beta^2 k^2 n^2 + v_0^2} \tag{56a}$$

wollen wir als Spezialfall unserer allgemeinen Flügelgleichung (9a), der allerdings, streng genommen, fast nie zutrifft, noch etwas näher betrachten, nachdem sie in Literatur und Praxis die weiteste Verbreitung gefunden hat.

Zunächst ist es nicht ohne Interesse, darauf hinzuweisen, daß sie sich durch Entwickeln der Wurzel nach dem binomischen Lehrsatz bequem in Reihenform darstellen läßt. Man findet nach den nötigen Zwischenrechnungen

$$\text{für } n < \frac{v_0}{\beta k};\quad v = v_0 + (1-\beta)\, k n + \frac{v_0}{2}\left(\frac{\beta k n}{v_0}\right)^2 - \frac{v_0}{8}\left(\frac{\beta k n}{v_0}\right)^4 + \cdots \tag{61}$$

$$\text{für } n > \frac{v_0}{\beta k};\quad v = k n + \frac{v_0}{2} \cdot \frac{v_0}{\beta k n} - \frac{v_0}{8} \cdot \left(\frac{v_0}{\beta k n}\right)^3 + \cdots \tag{62}$$

Die zweite Reihe konvergiert sehr gut. Das dritte Glied hat beispielsweise nur noch einen Wert von 0,0001 m/sk und kann deshalb unter allen Umständen vernachlässigt werden für $n > 11 \frac{v_0}{\beta k} \sqrt[3]{v_0}$, das ist, bei den normalerweise vorkommenden Größen von v_0, bei $n > 4{,}4 \frac{v_0}{\beta k}$ bzw. bei $v > 4{,}4 \frac{v_0}{\beta}$. Sein Wert überschreitet nicht den Betrag von 0,001 m/sk für $n > 5 \frac{v_0}{\beta k} \sqrt[3]{v_0}$, das ist näherungsweise für $n > 2 \frac{v_0}{\beta k}$ bzw. $v > 2 \frac{v_0}{\beta}$.

Die Ermittlung der Konstanten der Schmidtschen Gleichung aus einer gegebenen Beobachtungsreihe bzw. aus der $\varDelta$-n- oder $\varDelta$-v- oder

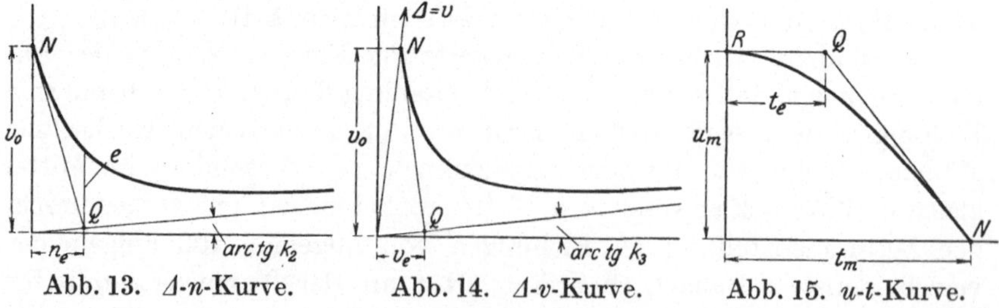

Abb. 13. $\varDelta$-n-Kurve. Abb. 14. $\varDelta$-v-Kurve. Abb. 15. u-t-Kurve.

u-t-Kurve, immer natürlich vorausgesetzt, daß die Annahmen $a = 0$ und $a' = 0$ mit ausreichender Genauigkeit zulässig sind, gestaltet sich nach unserem graphischen Verfahren überaus einfach. Es sind vorstehend in Abb. 13, 14 und 15 die 3 Kurven mit den beiden Haupttangenten und deren gegenseitigem Schnittpunkt Q eingezeichnet. Die Δ-n-Kurve liefert mit Hilfe der Gleichung (21) unter Berücksichtigung von (56)

$$\beta = \frac{v_0}{k\, n_e}. \tag{63}$$

Außerdem findet man aus (23), daß v_0 und e in einem festen Verhältnis zueinander stehen, nämlich

$$e = v_0\left(\sqrt{2} - 1\right) = 0{,}414\, v_0. \tag{64}$$

Aus der Δ-v-Kurve ergibt sich mit Hilfe von (22) und (56)

$$\beta = \frac{v_0}{v_e}. \tag{65}$$

Die u-t-Kurve endlich führt uns mit Hilfe von (21a), (41a), (43a), (39) und (56), wenn man berücksichtigt, daß $u_e = u_m$ sein muß, zu der Beziehung

$$\beta = \frac{t_e}{t_m}. \tag{66}$$

Schmidt selbst hat für das Aufsuchen von β und v_0 aus der u-t-Kurve ein gemischt graphisch-analytisches Verfahren angegeben, bei welchem die Koordinaten zweier Punkte der zeichnerisch festgelegten Kurve verwendet werden. Auch dieses Verfahren läßt sich aus unseren Formeln sehr leicht entwickeln. Mit den Voraussetzungen $a = 0$ und $a' = 0$ und der Substitution $\frac{k - k'}{2k} = \beta$ geht die Gleichung (16) über in

$$\delta\,(\delta + 2\,\beta\, k\, n) = v_0^2. \tag{67}$$

Daraus folgt, wenn n_1 und n_2 die Abszissen und δ_1 und δ_2 die Ordinatenabstände von der Asymptote für 2 beliebige Kurvenpunkte sind,

$$\beta = \frac{1}{2k}\,\frac{\delta_1^2 - \delta_2^2}{\delta_2 n_2 - \delta_1 n_1}, \tag{68}$$

$$v_0 = \delta_1\,\delta_2\,\frac{\delta_1 n_2 - \delta_2 n_1}{\delta_2 n_2 - \delta_1 n_1}. \tag{69}$$

Man kann also mit Hilfe von (68) und (69) die Werte von β und n ohne weiteres aus den Koordinaten zweier Punkte der δ-n- bzw. Δ-n-Kurve berechnen. Natürlich kann man auch von der Δ-v-Kurve bzw. der Gleichung (32) oder von der u-t-Kurve ausgehen, wie letzteres immer seitens der hydrometrischen Prüfanstalt des Geodätischen Institutes der Technischen Hochschule München geschieht. Die dortseits benutzten Formeln[1]) gehen ohne weiteres aus unseren Gleichungen (68) und (69) hervor, wenn man die Beziehungen

$$k = \frac{s}{u_m}; \quad n = \frac{u}{t}; \quad \delta = \frac{s}{t}\left(1 - \frac{u}{u_m}\right) \tag{70}$$

berücksichtigt.

Wie wir der Vollständigkeit halber anführen wollen, ließe sich dieses rechnerische Verfahren natürlich auch für die von uns aufgestellte allgemeine Flügelgleichung durchführen. Wir haben dasselbe bisher nur deshalb nicht erwähnt, weil es umständlicher und weniger genau als das graphische Verfahren ist. Immerhin wollen wir hier kurz den Rechnungsgang und das Ergebnis skizzieren.

Man geht am besten von der δ-n-Kurve und der Gleichung (16) aus. Stellt man die zusammengehörigen Koordinaten n_1 und δ_1, n_2 und δ_2 und n_3 und δ_3 **dreier** Kurvenpunkte zahlenmäßig fest, dann erhält man durch Anwendung der Gleichung (16) auf diese 3 Punkte ein System von 3 linearen Gleichungen mit 3 Unbekannten, woraus die letzteren berechnet werden können. Wird diese Rechnung allgemein durchgeführt, so findet man

$$a - a' = \frac{S}{W} \tag{71}$$

$$k - k' = \frac{T}{W} \tag{72}$$

$$c^2 = \frac{U \cdot V}{W}.$$

Darin sind S, T, U, V, W Abkürzungen für folgende Ausdrücke:

$$S = \delta_1^2(\delta_2 n_2 - \delta_3 n_3) + \delta_2^2(\delta_3 n_3 - \delta_1 n_1) + \delta_3^2(\delta_1 n_1 - \delta_2 n_2) \tag{73}$$

$$T = (\delta_1 - \delta_2)\cdot(\delta_2 - \delta_3)\cdot(\delta_3 - \delta_1) \tag{74}$$

$$U = \delta_1 \cdot \delta_2 \cdot \delta_3 \tag{75}$$

$$V = \delta_1(n_2 - n_3) + \delta_2(n_3 - n_1) + \delta_3(n_1 - n_2) \tag{76}$$

$$W = \delta_1 \delta_2(n_1 - n_2) + \delta_2 \delta_3(n_2 - n_3) + \delta_3 \delta_1(n_3 - n_1). \tag{77}$$

Ist für eine numerisch gegebene Gleichung der **Schmidt**schen Form der Verlauf der Kurve zeichnerisch festzulegen, so bestimmt man wiederum am einfachsten die Abweichungen δ der Kurve von der Asymptote $v = kn$ und benutzt dazu die Parametergleichungen (18) und (19), die sich vereinfachen zu:

$$n = z \cdot \frac{v_0}{\beta k}, \tag{78}$$

$$\delta = v_0 \cdot \left(\sqrt{z^2 + 1} - z\right). \tag{79}$$

Für eine Aufzeichnung der δ-v-Kurve oder der u-t-Kurve würde sinngemäß dasselbe gelten. Man benutzt dann die Gleichungen (37) und

[1]) Z. V. d. I. Bd. 39, S. 923. Jg. 1895.

(38) oder (47) und (48). Aus den letzteren beiden Gleichungen findet man für die u-t-Kurve

$$t = \frac{1}{z} \cdot \frac{\beta s}{v_0} = \frac{1}{z} \cdot \beta t_m, \tag{80}$$

$$\frac{\sigma}{\varrho} = \beta \cdot \frac{\sqrt{z^2+1} - z}{z}. \tag{81}$$

e) Es besteht die Vermutung, daß die von uns aufgestellte allgemeine Flügelgleichung nicht bloß für den Schraubenflügel (Woltman[1])-Flügel und Flügelrad-Anemometer), sondern auch für den Schalenkreuz-Flügel und das Schalenkreuz-Anemometer zutreffend ist. Mit der Theorie des letzteren hat sich in besonders eingehender Weise C. Chree[2]) befaßt und dabei für den Zusammenhang zwischen der Windgeschwindigkeit v und der sekundlichen Umdrehungszahl n folgende Gleichung aufgestellt:

$$A_0 + A_1 n + B_1 v + A_2 n^2 + 2 B_2 n v - C_2 v^2 = 0. \tag{82}$$

In derselben sollen sämtliche Konstanten positiv sein.

Schreibt man die Gleichung in der Form

$$v^2 - 2\frac{B_2}{C_2} v n - \frac{A_2}{C_2} n^2 - \frac{B_1}{C_2} v - \frac{A_1}{C_2} n - \frac{A_0}{C_2} = 0 \tag{82a}$$

und setzt daneben unsere allgemeine Gleichung (s. S. 4)

$$v^2 - (k+k') v n + k k' n^2 - (a+a') v + (a k' + a' k) n - (c^2 - a a') = 0,$$

dann erkennt man leicht die völlige Übereinstimmung und die bei Chree ungeklärt gebliebene geometrische Bedeutung der verschiedenen Konstanten. Es ist

$$\frac{B_2}{C_2} = \frac{k+k'}{2}, \quad \frac{A_2}{C_2} = -k k', \quad \frac{B_1}{C_2} = a + a';$$

$$\frac{A_1}{C_2} = -(a k' + a' k) \quad \text{und} \quad \frac{A_0}{C_2} = c^2 - a a'.$$

Chrees Annahme, daß sämtliche Konstanten seiner Gleichung immer positiv sein müssen, wird durch unsere Untersuchung, soweit dieselbe auch für Schalenkreuzflügel als zutreffend erachtet werden

---

[1]) Die Schreibung des Namens mit nur einem n dürfte die richtige sein, nachdem sich der Hamburger Wasserbauinspektor Woltman zeitlebens in dieser Weise geschrieben hat. Er selbst hat den Namen „hydrometrischer" Flügel eingeführt.

[2]) Chree, C.: Contribution to the Theory of the Robinson Cup-Anemometer, Phil. Mag., Vol. 40, Nr. 227, S. 63—90. 1895.

kann, nicht bestätigt. Nach dieser würde im Gegenteil A_1 und A_2 immer negativ und A_0 teils positiv, teils negativ sein. Versuchsmaterial zur Nachprüfung stand uns leider nicht zur Verfügung[1]).

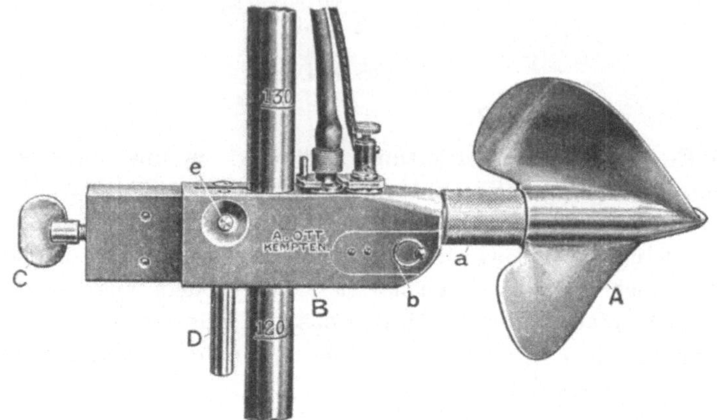

Abb. 16. Ott-Flügel V, $^1/_{3,5}$ nat. Gr.
Zu den Beispielen 8, Abb. 5 und 12—13, Abb. 7.

VIII. Beobachtungsmaterial für die Nachprüfung der Theorie.

Die aufgestellte Flügelgleichung und das Verfahren der Konstantenbestimmung ist vom Verfasser an einer sehr großen Zahl von Schleppversuchen ausprobiert worden. Das Versuchsmaterial dazu bildeten meist amtliche Eichungen der Versuchsanstalt für Wasserbau und Schiffbau in Berlin[2]), der hydrometrischen Prüfanstalt des Geodätischen Instituts der Technischen Hochschule München[3]) und der Hydrometrischen Prüfanstalt der Schweizerischen Landeshydrographie in Bern[4]).

---

[1]) Der Aufsatz: Wilke, W.: Über die Veränderlichkeit der Angaben des Robinsonschen Schalenkreuzes, Z. Flugtechn. Jg. VIII, S. 99—103, 1917, enthält eine Eichkurve, die das Bildungsgesetz unserer allgemeinen Flügelgleichung bestätigt.

Für Wassergeschwindigkeitsmesser nach dem Schalenkreuzprinzip kann das gleiche geschlossen werden aus den Abb. 5 und 6 in: Hogan, M. A.: Current Meters for Use in River Gauging, Departement of Scientific and Industrial Research, London 1922.

[2]) Siehe Eger, Dix, Seifert: Die kgl. Versuchsanstalt für Wasserbau und Schiffbau in Berlin. Z. Bauw. Jg. LVII, S. 254ff. 1907.

[3]) Z. V. d. I. Bd. 39, S. 917. 1895.

[4]) Siehe Epper: Die Entwicklung der Hydrometrie in der Schweiz. Eidgenössisches Hydrometrisches Bureau, Bern 1907. Abschnitt Flügelprüfungen, S. 54—60, Taf. 58—64.

Kummer, W, und O. Lütschg: Die Schweizerische Prüfanstalt für hydrometrische Flügel. Mitteilungen der Abteilung für Wasserwirtschaft Nr. 9. Bern 1916.

Ich statte auch an dieser Stelle den Leitern dieser Versuchsanstalten meinen Dank für die freundliche Überlassung des Zahlenmaterials ab. Die Resultate einiger weiterer Flügeleichungen stammen aus dem Maschinenlaboratorium der Höheren Maschinenbauschule in Eßlingen[1]), aus dem Laboratorium für Aero- und Hydrodynamik der Technischen Hochschule in Delft, aus der Schleppversuchsanstalt der University of Michigan in Ann Arbor (U. S. A.) und anderen Anstalten, die für die Eichung hydrometrischer Flügel eingerichtet sind[2]).

Die Untersuchung umfaßte Instrumente jeder Größe und Form, mit Schaufeldurchmessern von 4—30 cm und Steigungen von 0,10 bis 1,50 m. Auch einige Schlepplogs von Ott nach Abb. 24 sind darunter. Es sind das Apparate, bei welchen der Kontaktkörper vom Kiel eines schifförmig gestalteten Schwimmers getragen wird, während die Schraube

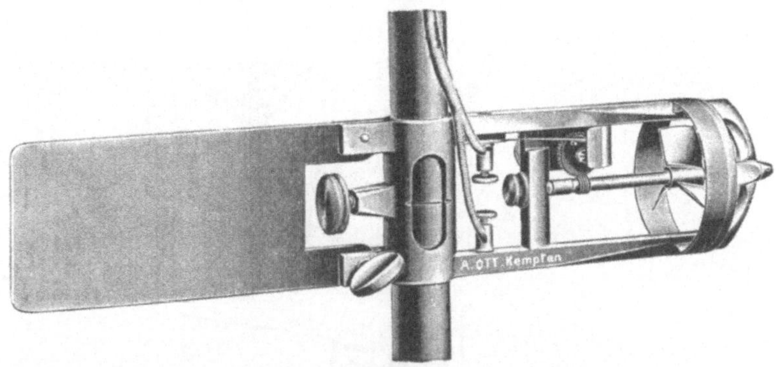

Abb. 17. Ott-Flügel X, $1/3$ nat. Größe.
Zu Beispiel 22, Abb. 8.

sich in einer Entfernung von ungefähr 1 m hinter diesem Schiff befindet. Unter allen diesen Eichungen hat sich kein einziger Fall gefunden, in welchem die Beobachtungsergebnisse nicht zwangslos durch die angegebene Gleichung darstellbar sind.

Des Interesses halber wurden auch, soweit erreichbar, einige Eichungsergebnisse der zwar auf dem europäischen Festlande fast unbekannten, in Nordamerika aber viel gebrauchten Priceschen Becherradflügel

---

[1]) Staus, A.: Die hydraulischen Einrichtungen des Maschinenlaboratoriums der Staatl. Württ. Höheren Maschinenbauschule Eßlingen, mit einem Anhang: Die Messung kleinster Wassergeschwindigkeiten mit dem hydrometrischen Flügel. Berlin 1925.

[2]) Solche sind auch an folgenden Orten vorhanden: Hannover, Karlsruhe, Kempten-Allgäu, Wien, Stockholm, Helsingfors, Szolnok (Ungarn), Neapel, Stra bei Padua, Grenoble, Leningrad (St. Petersburg), Taschkent (Turkestan). — In Nordamerika: Washington, Troy, Worcester, Ithaka, Ft. Collins (Colo.), Toronto.

untersucht[1]). Auch hier konnte kein Widerspruch gegen unsere Gleichung festgestellt werden, doch war im ganzen genommen die Übereinstimmung nicht so gut. Bei der gegen alle hydraulischen Regeln verstoßenden Bauart dieser Becherradflügel ließ sich das kaum anders erwarten.

In den Abb. 4, 5, 7, 8, 10 und 12 sind die Beobachtungsergebnisse von 25 Flügeleichungen aufgetragen. Auf die Beigabe des ganzen Zahlenmaterials mußte des großen Umfanges wegen verzichtet werden. In Zahlentafel 3 auf S. 51 sind die Ergebnisse der graphischen Ausgleichung, das sind die Konstanten sowohl der allgemeinen Flügel-

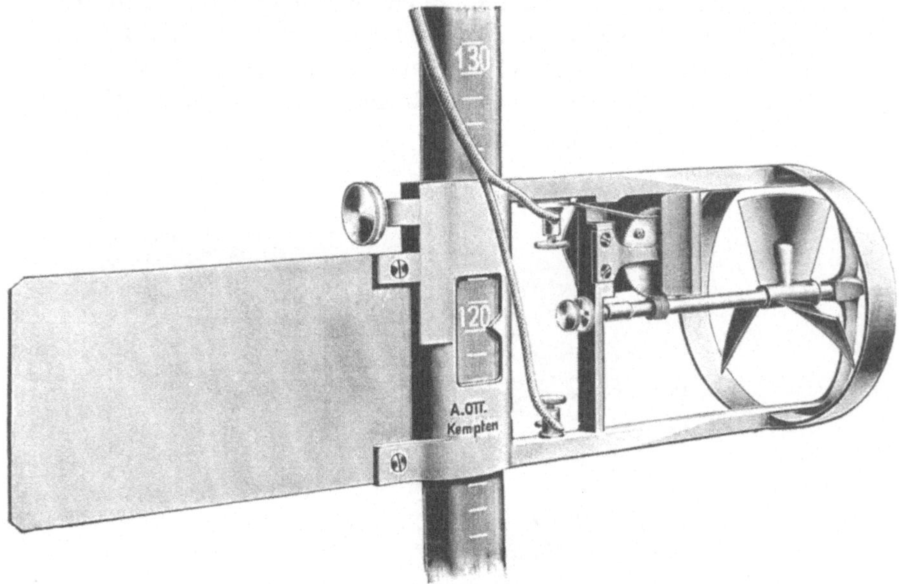

Abb. 18. Ott-Flügel IX a, $^1/_3$ nat. Gr.
Zu den Beispielen 15, Abb. 7 und 29—32, Abb. 12.

gleichung als auch der Näherungsformeln zusammengestellt, unter Beifügung der nötigen Angaben über die verschiedenen Instrumente.

Abgesehen von der äußeren Begrenzung war bei fast allen Flügeln die Schaufel eine Schraube von konstanter Steigung.

Nur 2 Instrumente nach Abb. 23 hatten eine Schraubenschaufel mit ungleichförmiger Steigung, die sog. Albrechtsche Parabelschaufel, die „bei niedrigstem Anlaufe als Eichungskurve eine völlige Gerade[2])“ ergeben soll. Die Eichungen Abb. 5, Beisp. 9, und Abb. 8, Beisp. 24

---

[1]) Interessantes Zahlenmaterial darüber wurde gefunden in Gunn, J. R.: A Study of the Fundamental Principles of Current Meters. Thesis for the degree of Master of Science of the University of California. Berkeley 1922.

[2]) Siehe Wasserkraft 16. Jg. S. 324. 1921.

bestätigen diese Behauptung nicht. Besonders deutlich ist der Vergleich von Beisp. 8 und 9 in Abb. 5, wo die Ergebnisse zweier gleichzeitig und unter genau gleichen Verhältnissen geprüfter Flügel nach Abb. 16 mit normaler Schraube (Durchmesser 10 cm) und Abb. 23 mit sog. Parabelschraube (Durchmesser 7 cm) übereinandergezeichnet sind. Der erste Flügel ergab $v_0 = 0{,}022$, $c = 0{,}0036$, $a = 0$, der zweite hingegen $v_0 = 0{,}086$, $c = 0{,}0154$, $a = 0{,}025$ m/sk.

Da es sich bei der vorliegenden Untersuchung nicht darum handelt, zu zeigen, mit wie geringer Anlaufgeschwindigkeit ein hydrometrischer Flügel gebaut werden kann, sondern umgekehrt darum, welche Wirkung die Reibung auf die Umlaufzahl hat, bilden Instrumente mit großer

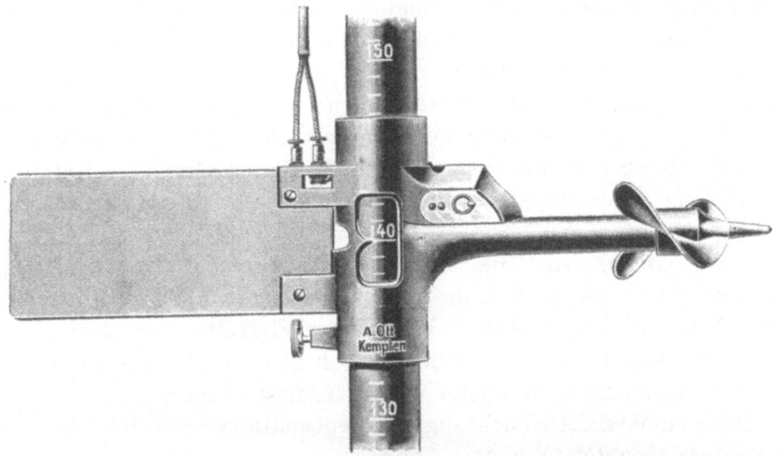

Abb. 19. Ott-Flügel IV a, 1/4 nat. Gr.
Zu den Beispielen 4, Abb. 4, 18, Abb. 7, 20 und 23, Abb. 8.

Anlaufgeschwindigkeit das beste Studienobjekt. Wir haben hierfür außer den schon erwähnten Beispielen 9 und 24 noch die Beisp. 3 und 4 in Abb. 4 sowie Beisp. 7, 10 und 11 in Abb. 5. Man sieht überall die sehr gute Anpassung der ausgleichenden Kurve an den Verlauf der Beobachtungspunkte. Besonders interessant ist das Beisp. 4. Es ist hier das Verhalten eines Flügels gezeigt, dessen an und für sich zweiflächige Schaufel die eine Fläche verloren hatte. Abgesehen davon, daß durch den einseitigen Schwerpunkt die Anlaufgeschwindigkeit bis auf 0,350 m/sk erhöht worden ist, zeigt der Schaufeltorso ein vollständig normales Verhalten. Auch ist der mittlere Fehler einer Messung nicht nennenswert größer als bei einer unverletzten Schaufel. (Leider ist seinerzeit von der Prüfanstalt in der Nähe der Anlaufgeschwindigkeit nur eine einzige Fahrt gemacht worden, wohl in der sich jetzt als irrig herausstellenden Annahme, daß bei kleineren Geschwindigkeiten doch kein gesetzmäßiges Verhalten erwartet werden könnte.)

In Abb. 5, Beisp. 8—11, sind die Ergebnisse mehrerer Eichungen zusammengestellt, die zuerst bei mehr oder minder großer Anlaufgeschwindigkeit streng gesetzmäßig verlaufen, dann aber bei größeren Geschwindigkeiten eine Störung aufweisen, indem die Kurve plötzlich nach oben abbiegt. In Beisp. 10 und 11 für ein Schlepplog nach Abb. 24 kommt die Aufbiegung davon her, daß bei Geschwindigkeiten von rd. 3 m/sk an der Propeller im Sog des schifförmigen Schwimmkörpers arbeitet, wodurch die Tourenzahl verringert wird. In Beisp. 8 und 9 hingegen ist die Aufbiegung eine Folge des von der Flügelstange ausgeübten Staues. Als Flügelstange diente nämlich ein Flacheisen vom Querschnitt 40 × 150 mm, mit dem die Flügel später in eine Rohrleitung von 4 m Durchmesser eingebaut worden sind. — Die Aufbiegung der Kurve zeigt sich bei hydrometrischen Flügeln immer dann, wenn der Querschnitt der Befestigungseinrichtung in einigem Mißverhältnis zum Instrument steht bzw. wenn die Flügelschaufel nicht weit genug aus der Stauzone der Befestigungseinrichtung herausgerückt ist. Diese Aufbiegung ist dann für das betreffende Instrument und die betreffende Befestigungseinrichtung charakteristisch und muß bei den Messungen berücksichtigt werden.

Etwas anders liegt die Sache bei der sehr auffallenden Umlaufstörung, die in Beisp. 7, Abb. 5 und in geringerem Maße in Beisp. 18, Abb. 7 und Beisp. 23, Abb. 8 bei Geschwindigkeiten zwischen 2,0 und 3,5 m/sk erkennbar ist. Es entfernen sich hier die Beobachtungspunkte von der Asymptote, um später wieder in diese einzumünden.

Diese sinoidale Ausbuchtung der Beobachtungsreihe, die zuerst von Epper beobachtet und von Amsler-Laffon erklärt worden ist[1]), zeigt sich besonders deutlich bei den Eichungen in der Schweizerischen Prüfanstalt für hydrometrische Flügel, nachdem das Gerinne von früher 130 m auf jetzt 172 m verlängert worden ist[2]). Das wird ohne weiteres verständlich, wenn man die eingehenden Untersuchungen von Schmidt[3]) über die Ursache der Ausbuchtung der Flügelkurve bzw. über die Verzögerung des Schaufelumlaufes bei der sog. kritischen Geschwindigkeit beachtet. Diese kritische Geschwindigkeit v_k ist gleich der Wellengeschwindigkeit im Kanal, also $v_k = \sqrt{gH}$, wo g die Erdbeschleunigung und H die Wassertiefe bezeichnet. Einige zusammengehörigen Zahlenwerte sind folgende:

H in m	0,2	0,4	0,6	0,8	1,0	1,2	1,4
v_k in m/sk	1,40	1,98	2,42	2,80	3,13	3,43	3,70

[1]) Epper, a. a. O. S. 56.

[2]) Kummer, W., und O. Lütschg: a. a. O. S. 30 und Abb. 12—15.

[3]) Schmidt, a. a. O. Forschungsheft 11, S. 28.

Wenn die Schleppgeschwindigkeit gleich der Wellengeschwindigkeit ist, so bildet sich im Kanal eine dauernd den Flügel begleitende Grundwelle, die eine ihrem Volumen entsprechende Nachströmung zur Folge hat. Die Relativgeschwindigkeit zwischen Flügel und Wasser ist dann kleiner als die Schleppgeschwindigkeit, weshalb die Flügelschaufel weniger Umläufe macht, als der letzteren entsprechen würde. Da die Welle einige Zeit zu ihrer Entwicklung braucht, prägt sich die Erscheinung um so deutlicher aus, je länger die Fahrstrecke ist.

Wie groß die erzeugte Grundwelle bzw. die Umlaufstörung wird, hängt natürlich davon ab, ob der Flügel und die Befestigungseinrich-

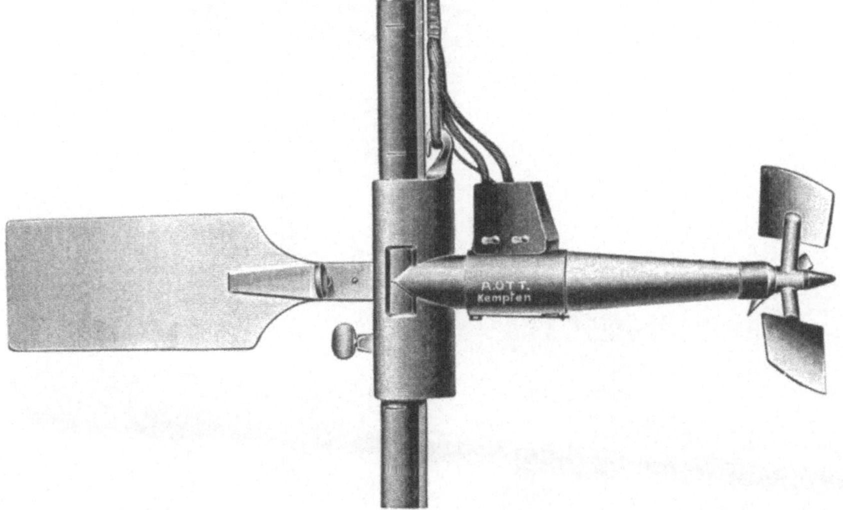

Abb. 20. Ott-Flügel VI, $^1/_6$ nat. Gr.
Zu den Beispielen 19, Abb. 7 und 21, Abb. 8. Ähnliche Form auch bei den Beispielen 2, Abb. 4, 6 Abb. 5 und 16, Abb. 7.

tung einen erheblichen Stau erzeugen oder das Wasser glatt durchschneiden. Man sieht das sehr deutlich durch Nebeneinanderstellen der beiden in gleicher Weise durchgeführten Eichungen, Beispiel 7, Abb. 5 und Beispiel 23, Abb. 8. Im ersteren Falle ist der Messungsfehler bei der kritischen Geschwindigkeit 2,8 vH, im zweiten Falle hingegen nur 0,8 vH. — Bei der Auswertung der Schleppversuche muß die etwaige Ausbuchtung der Kurve bei der kritischen Geschwindigkeit unberücksichtigt bleiben, und es sind für die ausgleichende Linie nur die Punkte vor und hinter der Ausbuchtung als maßgebend zu erachten. Gleichwohl sollte man bei Messungen in reißenden Gewässern die Umlaufverzögerung der Schaufel bei der kritischen Geschwindigkeit (Wellengeschwindigkeit) beachten, wenn man nicht über ein Instrument verfügt, bei dem durch zweckmäßige Konstruktion die Wellenbildung vermieden wird. Die kritische Geschwindigkeit eines Wasserlaufes ist jene, bei welcher der Fließwechsel des Wassers vom Strömen zum Schießen eintritt. Sie berechnet sich nach der Formel $v_k = \sqrt{gH}$, worin für H die mittlere Tiefe (Wasserquerschnitt geteilt durch Spiegelbreite) und für v_k die mittlere Geschwindigkeit im Querschnitt einzusetzen ist.

In den meisten Eichungsbeispielen ist eine die ganze Ausgleichungslinie sinoidal umschlingende Anordnung der Punktreihe, wo-

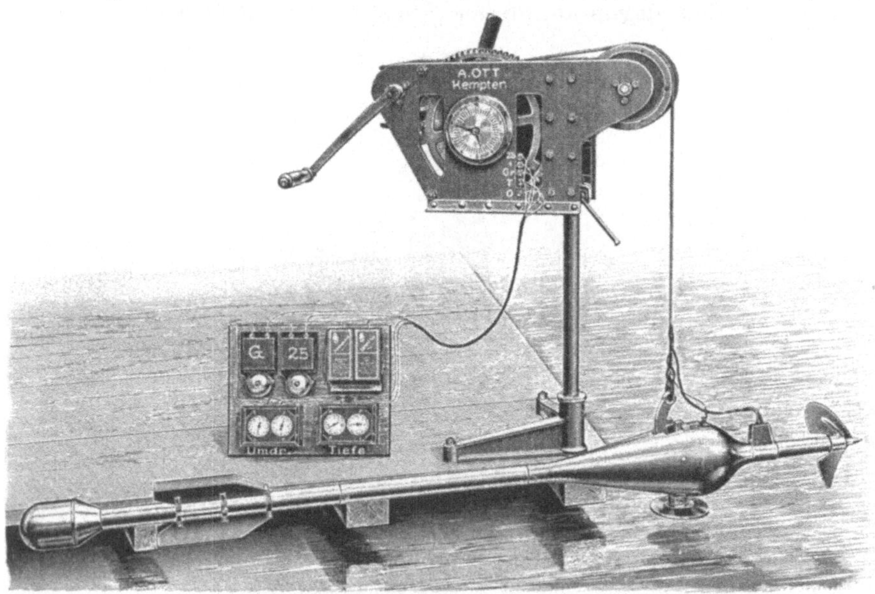

Abb. 21. Ott-Flügel VII m, Schwimmflügel mit 100 kg Eigengewicht (mit Windwerk), $^1/_{21}$ nat. Gr.
Zu den Beispielen 14 und 17, Abb. 7.

bei die Abweichungen meist nur einige Millimeter betragen, unverkennbar. Bei größeren Geschwindigkeiten sind diese regelmäßig verteilten Abweichungen besonders deutlich in den Beisp. 10, 11, 13, 14, 16 und 17. Im Gebiet der kleineren Geschwindigkeiten sieht man sie namentlich in den Beisp. 1, 3, 11, 13, 14, 20 und 21. Man wird die Ursache für diese kleineren, scheinbar regelmäßigen Abweichungen von der Flügelkurve wohl weniger im Instrument als in den bei den Schleppversuchen auftretenden Fehlern zu suchen haben. Vor allem ist der Umstand zu bedenken, daß nach den einzelnen Versuchsfahrten das Wasser selbst bei längeren Pausen nicht vollständig zur Ruhe kommt, wenn auch diese kleinsten Strömungen dem Auge verborgen bleiben. Außerdem muß man an die Schwingungen der Führungsstange oder des Aufhängeseiles und an evtl. Schwingungserscheinungen im Meßwagen denken.

Ganz offenkundig auf eine Schwingung und Abbiegung der Flügelstange deutet das Beisp. 13, Abb. 7 hin. Der Flügel war an einer runden Stange von nur 20 mm Durchmesser in einer Tiefe von 1 m unter Wasser befestigt, und die Schleppgeschwindigkeit wurde bis 4 m/sk gesteigert. Bei Beisp .16 wird man hingegen mehr an kleine Strömungen im Wasser denken können, da die ebenfalls runde Flügelstange einen Durchmesser

Abb. 22. Chronograph mit Sekundenkontaktwerk, zum Aufzeichnen von Weg, Zeit und Flügelumdrehungen bei Schleppversuchen, s. S. 26.

von 75 mm und eine entsprechend große Wasserverdrängung hatte. Schwingungen des Aufhängeseiles können in Frage kommen bei den Beisp. 14 und 17, in denen die Eichungsergebnisse eines an einem dünnen Kabel aufgehängten Flügels mit 100 kg Eigengewicht nach Abb. 21 dargestellt sind. Trotzdem der größte Querschnitt des stromlinienförmigen Flügelkörpers einen Durchmesser von 21 cm hat, sind Störungen der Umlaufbewegung der Schaufel nicht zu beobachten. Die Kurvenform ist völlig normal, wie unter anderem bei dem dem Gewichte nach 200mal kleineren Flügel des Beisp. 22.

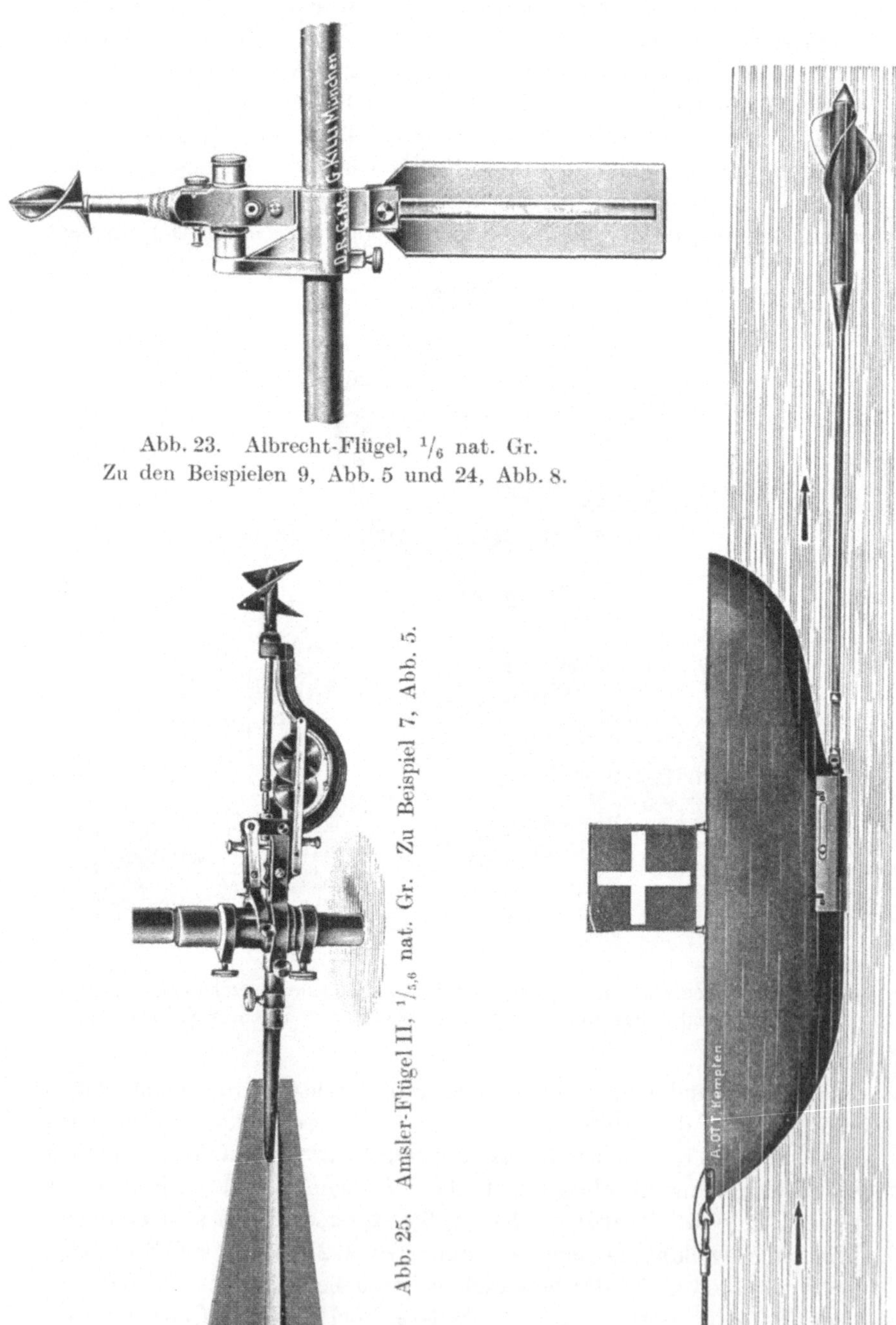

Abb. 23. Albrecht-Flügel, $^1/_6$ nat. Gr.
Zu den Beispielen 9, Abb. 5 und 24, Abb. 8.

Abb. 25. Amsler-Flügel II, $^1/_{5,6}$ nat. Gr. Zu Beispiel 7, Abb. 5.

Abb. 24. Ott-Log für Hochwassermessungen, $^1/_{14}$ nat. Gr. Zu den Beispielen 10—11, Abb. 5.

Es steht fest, daß bei einem gut konstruierten Flügel die Streuung der Beobachtungspunkte um so kleiner wird, je genauer und störungsfreier die Versuchseinrichtung arbeitet. Die Streuung ist direkt ein Maßstab für die Exaktheit der Schleppversuche und für die Schärfe der Ablesungen am Chronographenstreifen, weil der vom Flügel selbst abhängige mittlere Fehler einer Messung bei einem guten Instrument außerordentlich klein ist. Bei den mitgeteilten Eichungsbeispielen liegt er in den Grenzen von $\pm$ 0,002 bis $\pm$ 0,005 m/sk.

Auf verschiedenen Kurvenblättern ist im Gebiet der Anlaufgeschwindigkeit eine merkwürdige Anomalie, nämlich eine kleine Rückbiegung der Punktreihe[1]) ersichtlich. Dieselbe zeigt sich besonders deutlich in der u-t-Darstellung, wo sie überdies, wegen der auftretenden Verzerrung, eine ungerechtfertigt große Bedeutung erlangt und Irrungen über den wahren Verlauf der ausgleichenden Linie veranlassen kann. Man vergleiche dazu die Beisp. 3, 15, 18, 19, 22, 26, 28, 30 und 32. Da diese Rückbiegung als strittig gilt und durch Beobachtungsfehler zu erklären versucht wird, sehen wir hier von einer näheren Besprechung der zwar theoretisch interessanten, aber praktisch bedeutungslosen Erscheinung ab. Es dürfte aber die neue Versuchseinrichtung der Firma Ott[2]) in absehbarer Zeit auch über diesen Punkt volle Klarheit bringen.

Alles in allem betrachtet, zeigt die Diskussion der Eichkurven, daß die hydrometrischen Flügel bei regelmäßiger Strömung sehr genaue Geschwindigkeitsangaben liefern und den Bedürfnissen der Praxis mehr als genügen. Über das Verhalten in unregelmäßigen Strömungen, in wirbelndem Wasser, bei einer größeren Winkelabweichung zwischen Flügelachse und Strömungsrichtung und über verschiedene andere, für die praktische Hydrometrie wichtige Fragen hoffen wir gelegentlich an anderer Stelle berichten zu können.

---

[1]) Diese Rückbiegung ist zuerst von Epper beobachtet worden. Siehe Rateau: Ann. des Mines, juillet 1902, S. 83. Ferner Hajos: Beiträge zur Frage der Umlaufwerte Woltmanscher Flügel, Verbandsschrift Nr. 9, neue Folge, des Deutsch-Österreichisch-Ungarischen Verbandes für Binnenschiffahrt, S. 24, Budapest 1901.

[2]) Das im Keller des Verwaltungsgebäudes der Firma liegende Schleppgerinne hat die Abmessungen 1,5 × 1,5 × 47 m. Der von Prof. Dr. Staus entworfene Meßwagen läuft mit seitlicher Führung auf gehobelten Schienen von 12 mm Breite Für die Bremsung sind eigene Schienen vorhanden. Die Gerinnewand besteht an einigen Stellen aus Glas, damit der Schleppvorgang seitlich beobachtet werden kann.

Erläuterungen zu Zahlentafel 3.

Die Spalten 1—2 beziehen sich auf die Numerierung der mitgeteilten Eichungsdiagramme.

Die Spalten 3—6 enthalten die nötigen Angaben über die geeichten Instrumente, nämlich den Hinweis auf die Abbildung, soweit vorhanden, den Fabrikanten, die Fabrikationsnummer (der Index I oder II ist dann angebracht, wenn zu einem Flügel mehrere Schaufeln gehörten), die Bezeichnungsweise nach dem Katalog des Fabrikanten und den Durchmesser der Schaufel. Die Form der Schaufel ist nicht eigens genannt, weil sie im allgemeinen aus der Abbildung hervorgeht. Für die Flügel Nr. 1995 und 3620 stimmt die Schaufelform mit Abb. 19, für den Flügel Nr. 817 hingegen mit Abb. 20 überein.

Die Spalten 7—9 geben an, wie die Befestigungseinrichtung für den Flügel beschaffen war, sowie wo und wann dieser geeicht worden ist. Ein * bei dem Namen der Prüfanstalt gibt an, daß die Eichungsergebnisse in anderer Form schon früher einmal veröffentlicht worden sind, nämlich Beisp. 2 u. 6 in Z. Bauw. 1907, S. 287. Tauchtiefe bei Versuch IV 40 cm, bei Versuch IX 150 cm. Beisp. 7 und 23 in Mitt. Nr. 9 d. Eidgen. Amts für Wasserwirtschaft. Beisp. 18 in Epper: Hydrometrie, Taf. 64.

Die Spalten 10, 19 und 20 enthalten jene Größen, die unmittelbar aus der entsprechenden Δ-n-Kurve abgegriffen werden können.

Die Spalten 10, 22 und 23 enthalten jene Größen, die unmittelbar aus der entsprechenden Δ-v-Kurve abgegriffen werden können.

Die Spalten 11—15 geben die Konstanten der allgemeinen Flügelgleichung an. Dieselbe lautet

$$v = \frac{a + a'}{2} + \frac{k + k'}{2}\, n + \sqrt{\left(\frac{a - a'}{2} + \frac{k - k'}{2}\, n\right)^2 + c^2}.$$

Die Spalten 12—18 enthalten die nötigen Angaben für die Darstellung der Flügelkurve durch zwei Näherungsgleichungen.

Dieselben lauten:

für $n < n_c$;
$$v = a' + k' n + \varepsilon';$$
für $n > n_c$;
$$v = a + k n + \varepsilon.$$

1	2	3	4	5	6
Schaubild		Instrument			
Abb.	Beisp.	Abb.	Fabr.-Nr.	Bezeichnung nach Katalog	Schaufel ∅ in mm
4	1	—	Ott 817	VI Kat. 1903	180
4	2	20	Ott 385/II	VII Kat. 1903	240
4	3	—	Ott 1995	Fahrtmesser Kat. 1913	180
4	4	19	Ott 740/II	IVa	Nur eine Fläche
5	5	—	Ott 3620	Großer Rohrflügel	300
5	6	20	Ott 385/II	VII Kat. 1903	240
5	7	25	Amsler 198/II	II	100
5	8	16	Ott 3736	V	100
5	9	23	Albrecht-Killi 105	U. F.	70
5	10	24	Ott 8	Log	150
5	11	24	Ott 16	Log	150
7	12	16	Ott 3363	V	120
7	13	16	Ott 3480	V	120
7	14	21	Ott 3331/I	VII m	250
7	15	18	Ott 1216	IXa	90
7	16	20	Ott 3225	VIIc	250
7	17	21	Ott 3331/II	VIIm	250
7	18	19	Ott 577/I	IVa	120
7	19	20	Ott 814	V Kat. 1903	180
8	20	19	Ott 1583	IVa	120
8	21	20	Ott 1622	VIb	180
8	22	17	Ott 1587	X	55
8	23	19	Ott 577/II	IVa	120
8	24	23	Albrecht-Killi 102	U. F.	70
12	29—32	18	Ott 3233	IXc	90

Zahlentafel 3. **Konstanten verschiedener hydrometrischer Flügel.**

7	8	9	10	11	12	13	14	15	16
Stange Ø in mm	Schleppversuche Prüfanstalt	Datum	v_0 m/sk	c m/sk	a m/sk	a' m/sk	k m	k' m	ε m/sk
Rund, 32	Berlin	IV. 06	0,0140	0,0020	— 0,0050	0,0138	0,5295	0,5021	$\frac{0,0025}{1,75\,n - 1}$
Rund, 45	Berlin*	V. 05 Versuch IX	0,0370	0,0070	0,0120	0,0350	0,5059	0,4384	$\frac{0,00306}{4,22\,n - 1}$
Rund, 36	Berlin	XII. 12	0,1000	0,0078	0,0380	0,0990	0,5915	0,4830	$\frac{0,001144}{2,03\,n - 1}$
Oval 20 × 40	Bern Nr. 337	XII. 10	0,3490	0,0433	0,0360	0,3430	0,2868	0,0484	$\frac{0,00778}{0,956\,n - 1}$
Oval 60 × 100	Berlin	II. 24	0,0360	0,0120	0,0070	0,0311	1,0290	0,7880	$\frac{0,01176}{1,985\,n - 1}$
Rund, 45	Berlin*	I. 05 Versuch IV	0,0480	0,0050	0,0140	0,0473	0,5078	0,4113	$\frac{0,00072}{2,80\,n - 1}$
Rund, 27	Bern* Nr. 536	X. 15	0,0860	0,0186	0	0,0820	0,2408	0,1895	$\frac{0,0546}{0,809\,n - 1}$
▭ 40 × 150	Berlin	VIII. 24	0,0220	0,0036	0	0,0214	0,2565	0,2189	$\frac{0,00075}{2,115\,n - 1}$
▭ 40 × 150	Berlin	VIII. 24	0,0860	0,0154	0,0250	0,0821	0,1780	0,1440	$\frac{0,00569}{0,815\,n - 1}$
An Seil	Berlin	VIII. 13	0,1380	0,0128	0,0560	0,1360	0,5140	0,2850	$\frac{0,0244}{3,41\,n - 1}$
An Seil	Berlin	II. 22	0,1600	0,0205	0,1000	0,1530	0,5040	0,3756	$\frac{0,1293}{3,96\,n - 1}$
Rund, 20	Eßlingen	X. 23	—	—	0,0170	—	0,2655	—	—
Rund, 20	Berlin	V. 23	0,0160	0,0046	0	0,0147	0,5167	0,4734	$\frac{0,0021}{4,29\,n - 1}$
An Seil	Berlin	III. 23	0,0200	0,0036	— 0,0010	0,0194	0,5306	0,4766	$\frac{0,00075}{3,21\,n - 1}$
Oval 20 × 40	Berlin	V. 12	0,0180	0,0095	— 0,0020	0,0135	0,2737	0,2600	$\frac{0,01504}{2,55\,n - 1}$
Rund, 75	Berlin	XI. 22	0,0230	0,0037	0,0030	0,0223	0,5259	0,4845	$\frac{0,000877}{2,655\,n - 1}$
An Seil	Berlin	III. 23	0,0200	0,0079	— 0,0090	0,0179	0,5245	0,4544	$\frac{0,00324}{3,68\,n - 1}$
Oval 20 × 40	Bern* Nr. 99	I. 04	0,0254	0,0128	— 0,0215	0,0219	0,2721	0,2452	$\frac{0,0535}{0,878\,n - 1}$
Rund, 32	Berlin	IV. 06	0,0365	0,0123	— 0,0027	0,0326	0,5218	0,4340	$\frac{0,0827}{4,75\,n - 1}$
Oval 20 × 40	Berlin	III. 11	0,0305	0,0046	0	0,0298	0,2563	0,2378	$\frac{0,00084}{0,734\,n - 1}$
Rund, 32	Berlin	X. 11	0,0420	0,0070	0,0010	0,0408	0,5198	0,4216	$\frac{0,00149}{2,99\,n - 1}$
Rund, 20	Berlin	IV. 11	0,0450	0,0063	0,0170	0,0436	0,1288	0,1102	$\frac{0,001745}{0,905\,n - 1}$
Oval 20 × 40	Bern* Nr. 559	IV. 16	0,0640	0,0110	0,0110	0,0617	0,2866	0,1136	$\frac{0,0305}{4,36\,n - 1}$
Rund, 20	Berlin	VIII. 24	0,1120	0,0146	0,0360	0,1092	0,1750	0,1093	$\frac{0,00364}{1,121\,n - 1}$
Rund, 27	Eßlingen	VII. 23	0,0550	0,0154	0,0120	0,0495	0,2627	0,1157	$\frac{0,0107}{6,67\,n - 1}$

18	19	20	21	22	23
n_c	n_e	e m/sk	v_c m/sk	v_e m/sk	e_v m/sk
0,670	0,690	0,0015	0,338	0,360	0,0017
0,341	0,400	0,0050	0,184	0,214	0,0056
0,563	0,580	0,0060	0,372	0,381	0,0076
1,269	1,320	0,0380	0,400	0,414	0,0755
0,100	0,140	0,0080	0,110	0,152	0,0087
0,345	0,360	0,0040	0,189	0,196	0,0047
1,598	1,750	0,0150	0,386	0,421	0,0164
0,568	0,600	0,0030	0,146	0,154	0,0033
1,680	1,900	0,0120	0,324	0,365	0,0132
0,350	0,370	0,0116	0,236	0,245	0,0139
0,411	0,520	0,0140	0,307	0,362	0,0161
—	—	—	—	—	—
0,339	0,400	0,0035	0,175	0,207	0,0036
0,377	0,400	0,0030	0,199	0,211	0,0031
1,220	1,700	0,0055	0,274	0,463	0,0060
0,647	0,500	0,0030	0,248	0,266	0,0032
0,382	0,440	0,0060	0,192	0,224	0,0063
1,630	1,870	0,0100	0,418	0,480	0,0104
0,403	0,490	0,0090	0,205	0,251	0,0097
1,620	1,700	0,0039	0,413	0,436	0,0041
0,405	0,430	0,0060	0,211	0,222	0,0062
1,430	1,580	0,0050	0,184	0,221	0,0053
0,293	0,470	0,0090	0,108	0,143	0,0100
1,114	1,200	0,0012	0,232	0,245	0,0145
0,255	0,330	0,0110	0,079	0,099	0,0138

Zur Bestimmung strömender Flüssigkeitsmengen im offenen Gerinne. Ein neues Verfahren. Von Dipl.-Ing. **Oskar Poebing,** Betriebsleiter des Hydraulischen Institutes der Technischen Hochschule München. Mit 23 Textabbildungen und 1 Tafel. (60 S.) 1922. 1.65 Goldmark

---

Der Durchfluß des Wassers durch Röhren und Gräben, insbesondere durch Werkgräben großer Abmessungen. Von Hofrat Professor Dr. **Philipp Forchheimer,** korr. Mitglied der Akademie der Wissenschaften in Wien. Mit 20 Textabbildungen. (54 S.) 1923. 2 Goldmark

---

Handbuch der Hydrologie. Wesen, Nachweis, Untersuchung und Gewinnung unterirdischer Wasser: Quellen, Grundwasser, unterirdische Wasserläufe, Grundwasserfassungen. Zweite, ergänzte Auflage. Von Zivilingenieur **E. Prinz.** Mit 334 Textabbildungen. (435 S.) 1923.
Gebunden 18 Goldmark

Die Grundwasserabsenkung in Theorie und Praxis. Von Privatdozent Dr.-Ing. **Joachim Schultze** in Berlin. Mit 76 Textabbildungen. (143 S.)· 1924.
6 Goldmark; gebunden 7 Goldmark

Über Wertberechnung von Wasserkräften. Von Dr.-Ing. **Adolf Ludin** und Dr.-Ing. Dr. rer. pol. **W. G. Waffenschmidt** in Karlsruhe i. B. (Sonderdruck aus „Der Bauingenieur", Zeitschrift für das gesamte Bauwesen, 2. Jahrgang 1921, H. 4.) (20 S.) 1921. (Auch als „Mitteilungen des Deutschen Wasserwirtschafts- und Wasserkraft-Verbandes E. V." Nr. 3 erschienen.)
0.45 Goldmark

Die Wasserkräfte, ihr Ausbau und ihre wirtschaftliche Ausnutzung. Ein technisch-wirtschaftliches Lehr- und Handbuch. Von Bauinspektor Dr.-Ing. **Adolf Ludin.** Zwei Bände. Mit 1087 Abbildungen im Text und auf 11 Tafeln. Preisgekrönt von der Akademie des Bauwesens in Berlin. (1424 S.) 1913. Unveränderter Neudruck. 1923. Gebunden 66 Goldmark

---

Kulturtechnischer Wasserbau. Von Geh. Regierungsrat **Prof. E. Krüger,** Berlin. Mit 197 Textabbildungen. („Handbibliothek für Bauingenieure", herausgegeben von Robert Otzen. III. Teil: Wasserbau. 7. Band.) (300 S.) 1921. Gebunden 9.50 Goldmark

Die Theorie der Wasserturbinen. Ein kurzes Lehrbuch. Von Professor **Rudolf Escher †** in Zürich. Dritte, vermehrte und verbesserte Auflage, herausgegeben von **Robert Dubs,** Oberingenieur der A.-G. der Maschinenfabriken Escher, Wyss & Cie., Zürich. Mit 364 Textabbildungen und 1 Tafel. (369 S.) 1924. Gebunden 13.50 Goldmark

---

Theorie der Durchströmturbine. Von Ing. **Erwin Sonnek.** Mit 24 Textfiguren. (62 S.) 1923. 2 Goldmark

---

Neuere Turbinenanlagen. Auf Veranlassung von Professor **E. Reichel** bearbeitet von Konstruktions-Ing. **W. Wagenbach,** Charlottenburg. Mit 48 Figuren und 54 Tafeln. (133 S.) 1905. Gebunden 15 Goldmark

---

Wasserkraftmaschinen. Eine Einführung in Wesen, Bau und Berechnung neuzeitlicher Wasserkraftmaschinen und Wasserkraftanlagen. Von Dipl.-Ing. **L. Quantz** in Stettin. Fünfte, erweiterte und verbesserte Auflage. Mit 179 Textfiguren. (155 S.) 1924. 3 Goldmark

---

Zeichnerische Bestimmung der Spiegelbewegungen in Wasserschlössern von Wasserkraftanlagen mit unter Druck durchflossenem Zulaufgerinne. Von Ingenieur Dr. techn. **Ludwig Mühlhofer,** Innsbruck-Wien. Mit 11 Textabbildungen. (80 S.) 1924. 3.90 Goldmark

---

Maschinentechnisches Versuchswesen. Von Prof. Dr.-Ing. **A. Gramberg.**

Band I: **Technische Messungen bei Maschinenuntersuchungen und zur Betriebskontrolle.** Zum Gebrauch an Maschinenlaboratorien und in der Praxis. Fünfte, vielfach erweiterte und umgearbeitete Auflage. Mit 326 Textfiguren. (577 S.) 1923. Gebunden 18 Goldmark

Band II: **Maschinenuntersuchungen und das Verhalten der Maschinen im Betriebe.** Ein Handbuch für Betriebsleiter, ein Leitfaden zum Gebrauch bei Abnahmeversuchen und für den Unterricht an Maschinenlaboratorien. Dritte, verbesserte Auflage. Mit 327 Figuren im Text und auf 2 Tafeln. (619 S.) 1924. Gebunden 20 Goldmark

---

Taschenbuch für den Maschinenbau. Bearbeitet von zahlreichen Fachleuten. Herausgegeben von Professor **Heinrich Dubbel,** Ingenieur, Berlin. Vierte, erweiterte und verbesserte Auflage. Mit 2786 Textfiguren. In zwei Bänden. (1739 S.) 1924. Gebunden 18 Goldmark